El hombre más inteligente de la historia

AUGUSTO CURY

EL HOMBRE MÁS INTELIGENTE DE LA HISTORIA

OCEANO

EL HOMBRE MÁS INTELIGENTE DE LA HISTORIA

Título original: O HOMEM MAIS INTELIGENTE DA HISTÓRIA

Traducción: Lourdes Hernández Fuentes

Diseño de portada: Raul Fernandes
Fotografía de portada: Christophe Dessaigne / Trevillion Images
Fotografía del autor: © Instituto Academia de Inteligência

D. R. © 2020, Editorial Océano de México, S.A. de C.V.
Homero 1500 - 402, Col. Polanco
Miguel Hidalgo, 11560, Ciudad de México
info@oceano.com.mx

Cuarta reimpresión en Océano: enero, 2020

ISBN: 978-607-527-488-1

Impreso en México / Printed in Mexico

¡Dedico este libro a alguien único!

El “hombre más inteligente de la historia”
administró su emoción con maestría,
transformó sus lágrimas en madurez,
usó el caos para esculpir la sabiduría.
Entendió que el rico es quien hace mucho de poco
y el pobre el que hace poco de mucho.
Conoció las fallas y las locuras humanas como pocos,
pero consideró a cada ser humano como único.
Enseñó que, de todas las cosas que conquistamos en la vida,
las personas a las que amamos son lo más valioso.
¡Gracias por existir! ¡Tú eres inolvidable!

Prefacio

Probablemente fui más escéptico y crítico que los grandes ateos de la historia: Marx, Nietzsche, Diderot, Freud, Sartre. Producir una de las pocas teorías de la actualidad sobre el funcionamiento de la mente y el proceso de formación de pensadores me convirtió, hace muchos años, en un ateo científico, mientras que la mayoría de los ateos notables fueron en realidad antirreligiosos.

A pesar de mis límites, resolví estudiar de manera estricta y detallada la mente del personaje más famoso de la historia bajo criterios psicológicos, psiquiátricos, psicopedagógicos y sociológicos. Esperaba, al analizar la personalidad de Jesús, encontrar una inteligencia común, poco creativa o un "héroe" malinterpretado por los galileos. Sin embargo, quedé perplejo...

El hombre más inteligente de la historia es el resultado de esta investigación prolongada, que me llevó más de quince años, y que estará compuesta por varios volúmenes. Creo que, si no tuviera treinta años de experiencia como investigador y profesional de la salud mental —con más de veinte mil consultas—, no tendría facultades para redactarla. A pesar de eso, para tener más libertad de expresar mi proceso de producción de conocimiento, preferí escribir esta obra en forma de novela.

Estoy feliz por el hecho de que, así como algunos de mis libros están siendo adaptados para cine —como *El vendedor de sueños*, *El futuro de la humanidad* y *Petru Logus*—, esta obra se convertirá en una serie internacional. Recientemente, un notable cineasta me tomó por el brazo y me confesó que filmar una serie basada en *El hombre más inteligente de la historia* ¡será el proyecto más importante de su vida!

El psiquiatra y científico Marco Polo es el protagonista de esta obra. Durante una importantísima conferencia promovida por la ONU en Jerusalén para discutir el futuro de la Tierra, conmovió a los presentes al hablar sobre la preservación de otro planeta, el Planeta Emoción: "Antes de que los recursos de la Tierra se agoten, se está agotando la mente humana", declaró.

Cuestionado sobre qué pensadores fueron buenos administradores de la emoción, Marco Polo comentó: "Todos los que estudié fallaron: Freud, Einstein, Nietzsche...", dejando a la audiencia conmocionada. Pero, enseguida, una socióloga estadunidense formuló la pregunta letal: "¿Y Jesús? ¿Él fue un buen administrador de la emoción?". Marco Polo fue categórico: "Como soy ateo, no discuto religión en mis conferencias".

No obstante, el público de intelectuales, sabiendo que él estudiaba el proceso de formación de pensadores, lo desafió a estudiar la mente de Jesús bajo la luz de las ciencias humanas. Él se resistió durante un buen tiempo, pero por fin organizó una mesa de personajes notables para reflexionar y analizar la inteligencia de Cristo.

Quizá, por primera vez en la historia, el intelecto de Jesús sería estudiado bajo parámetros absolutamente serios, así como su habilidad para lidiar con pérdidas, frustraciones, resiliencia, autocontrol, capacidad de proteger la emoción y las habilidades para formar mentes brillantes.

Marco Polo poco a poco descubrirá que él mismo, las ciencias humanas y todas las religiones, se equivocaron dramáticamente al no haber estudiado a Jesús en términos científicos. La mente del más famoso personaje de todos los tiempos es muy poco conocida, incluso para los millones de seres humanos de las más diversas religiones que lo admiran...

Con la avalancha de estímulos estresantes que Jesús vivió desde la infancia, tenía muchos motivos para sufrir depresión y ansiedad. ¿Consiguió controlar su emoción? ¿Desarrolló una salud mental sólida? ¿Tuvo autocontrol en sus clímax de tensión? Como educador tenía todo para fracasar, pues escogió un equipo de jóvenes con varios trastornos de personalidad y que sólo le provocaban dolores de cabeza. ¿Será posible que él usara técnicas psicológicas modernas para transformar rústicas piedras en obras de arte? ¿Tuvo éxito?

El mundo conmemora el nacimiento de un pequeño cuya personalidad no conoce y no sabe cómo se formó. Me sorprendí muchísimo con ese análisis y probablemente muchos quedarán asombrados y hasta perplejos con *El hombre más inteligente de la historia*.

¡Júzguelo usted mismo!

DOCTOR AUGUSTO CURY

1

La era de los mendigos emocionales

El Secretario General de la Organización de las Naciones Unidas (ONU) dio inicio a la reunión de emergencia sobre la violencia en el mundo. Los principales políticos de las naciones, así como los pensadores de las áreas más diversas, estaban presentes. Los números mostraban un aumento aterrador de la violencia no sólo en los países pobres y emergentes, sino también en las naciones más ricas.

—*Bullying* en las escuelas, violencia contra mujeres y niños, acoso moral en las empresas, agresiones sexuales, corrupción en la política, sabotaje en los mercados, exclusión de inmigrantes, suicidios, homicidios, terrorismo. En fin, el abanico de violencia en las sociedades modernas es enorme. Vivimos el apogeo del progreso material, el ápice de la era digital, pero no hemos detenido la hemorragia de violencia alrededor del mundo. Al contrario, ésta va en aumento... ¡Es incomprensible! —concluyó, preocupado.

—Está abierto el debate para que encontremos soluciones sustentables.

Muchos presidentes, ministros y embajadores expresaron sus consideraciones. Unos cuantos sociólogos también mencionaron la densificación demográfica, las crisis económicas, la exclusión social y otros tantos problemas como factores agravantes.

Cuando la conferencia llegaba a su fin y los presentes ya estaban cansados de oír las mismas discusiones, el Secretario General retomó la palabra:

—La ONU agradece la participación de los líderes mundiales en esta gran conferencia sobre las causas y soluciones para la violencia en la era moderna. Haremos un informe que será enviado a todas las naciones, aunque tengo la impresión de que todavía falta un diagnóstico adecuado de la cuestión.

—¡Claro que falta! —irrumpió Marco Polo, un psiquiatra investigador que estaba entre los espectadores.

Estresado, el Secretario General advirtió:

—Lo siento mucho, Señor, pero el debate no está abierto al público.

—Las grandes ideas no son propiedad de los líderes políticos, sino de la mente de quien las piensa —lo confrontó Marco Polo.

Tomado por sorpresa, el Secretario General de la ONU lo pensó mejor.

—Haré una excepción. ¿Cuál es su nombre?

—Marco Polo —se presentó de forma breve.

—Sea rápido, por favor. Ya es tarde —pidió delicadamente el Secretario.

Polémico, osado, provocador, Marco Polo se sintió en su ambiente:

—Señoras y señores, no sólo habitamos la superficie del planeta Tierra, sino también una capa superficial del Planeta Emoción.

Está en curso una verdadera explosión de trastornos psíquicos y sociales. Una de las grandes razones de esa explosión, es el hecho de que la educación clásica se ha vuelto excesivamente cartesiana, lógica y lineal, despreciando las habilidades socioemocionales capaces de proteger la psique. ¡Si no cambiamos el paradigma fundamental de la educación, seremos una especie inasequible!

La audiencia se estremeció.

—¿Cambiar el paradigma de la educación? ¿De qué manera, señor Marco Polo? —preguntó un intrigado ministro canadiense que estaba en la primera fila.

—¡La educación mundial necesita pasar de la era de la información a la era del Yo como gestor de la mente humana! La primera genera gigantes en la ciencia, pero niños en el territorio de la emoción; la segunda cría seres humanos decididos, coherentes y altruistas.

El tema era completamente nuevo y, al mismo tiempo, perturbador. Las personas que bostezaban a causa de los últimos discursos ahora se encontraban muy despiertas.

—¿Qué es un gestor de la mente humana? —preguntó una senadora estadunidense. —¡Nunca escuché hablar de esa tesis!

—Ser gestor de la mente humana es saber controlar los pensamientos, proteger la emoción, liberar la creatividad y volverse protagonista de su propia historia. La educación clásica cree que la manera de formar mentes brillantes es bombardear al cerebro con millones de datos y hacer que los alumnos los asimilen. ¡Eso es un gran engaño!

—Pero hace siglos que la educación es así, detentora y transmisora de las informaciones más relevantes de la sociedad —replicó el ministro de Educación de Francia.

—Sí, doctor, pero esa educación ya no funciona, por lo menos no colectivamente. La mente de nuestros alumnos cambió muchísimo. Así como no es posible dar tinta y pinceles a una máquina y esperar que ésta cree obras maestras como las que pintaron Da Vinci, Van Gogh y Rafael, no es posible formar obras maestras en el lienzo de la mente humana mediante ese estilo de educación. ¡Las personas necesitan aprender a pensar colectivamente, a ser altruistas, a colocarse en el lugar de otro y a ser tolerantes a las frustraciones!

En ese momento, Marco Polo pidió permiso para proyectar algunas imágenes en la pantalla. Siempre llevaba con él una memoria USB con los videos y las imágenes que acostumbraba utilizar en sus conferencias. Pero su solicitud fue rechazada.

—No podemos. Ya es tarde, señor —dijo con arrogancia un asistente del Secretario General.

—Si la audiencia no quiere escucharme, me volveré a sentar —respondió con seguridad Marco Polo.

Eso hizo que el público se alborotara. Ahora los espectadores parecían sedientos por escuchar las nuevas ideas que el psiquiatra traía.

De esa manera, su solicitud fue reconsiderada. Autorizado por el Secretario General, Marco Polo entregó su dispositivo al técnico responsable y comenzó a mostrar imágenes reales: vehículos conducidos de manera irresponsable, a alta velocidad, sin respetar las normas de tránsito y causando accidentes horribles. Enseguida agregó:

—Nuestro intelecto es un vehículo mental complejo y lo dirigimos de forma irresponsable. ¿Por qué? Porque las escuelas y las universidades no educan al Yo, que representa la capacidad de elección, el libre albedrío, la conciencia crítica que debería estar al volante. Una mirada de desaprobación nos echa a perder el día, una crítica asfixia nuestra semana, una traición puede comprometer una vida.

—¿Está sugiriendo que estamos en la infancia del Yo como gestor de la mente? —indagó el primer ministro francés, indignado.

—Sí, ¡eso es lo que estoy diciendo! —respondió él con convicción.

Enseguida, con cuidado de preservar la identidad de las personas involucradas, proyectó en la pantalla situaciones gravísimas que mostraban jóvenes confundidos mutilándose y muchachas anoréxicas, sólo piel y huesos.

—¿Saben por qué esas chicas están tan delgadas, iguales a los hambrientos del África subsahariana? —indagó Marco Polo—. Porque se sienten gordas. La dictadura de la belleza está matando a nuestros jóvenes por dentro.

Enseguida mostró escenas de personas cometiendo los más diversos tipos de violencia, incluso hasta asesinatos por motivos banales.

—Pequeñas contrariedades generan reacciones desproporcionadas. Estamos en la era del descontrol emocional.

Era posible percibir la perplejidad en el rostro de los que asistían a la presentación de Marco Polo. Un político famoso, que estaba en la primera fila, se acordaba en silencio de cómo el día anterior le había gritado a su esposa como si fuera su esclava: "¡Sal de aquí, retrasada mental! ¡Ese traje no hace juego con la corbata!" Se sintió avergonzado.

Marco Polo seguía con la presentación:

—Las vacunas nos protegen contra las enfermedades, ¿pero

qué vacunas pueden prevenir la violencia y los trastornos psíquicos? Sin cambiar la educación eso es imposible. ¿Qué vacunas les proporcionamos a quienes amamos? ¡Usualmente ninguna! Estamos acostumbrados a regañarlos, a señalar sus errores, a hacerles críticas...

—¿Pero si alguien conoce a la perfección un manual de reglas de comportamiento, no debería hacer un buen trabajo educativo? —cuestionó un senador republicano de los Estados Unidos.

—Discúlpeme, pero quien conoce tan sólo un manual de reglas es apto para manipular máquinas, no para formar mentes brillantes.

Después de ese comentario, Marco Polo agregó:

—La falta de protección a las emociones es la mayor de todas las violencias, ¡y la cometemos contra nuestros propios hijos!

—¿Cómo podemos cambiar eso, doctor Marco Polo? —preguntó el Secretario General, afectado.

—Hay muchas herramientas a nuestra disposición: podemos ser más lentos para reaccionar y más rápidos para pensar; ser empáticos y sensibilizarnos ante el dolor de los otros; tener conciencia de que atrás de alguien que hiere hay una persona herida; pensar como humanidad y no como grupo social... todas esas herramientas están relacionadas con la gestión de la mente.

Luego el investigador mostró que en la actualidad llevamos el vehículo mental y la construcción de los pensamientos, a una velocidad nunca antes vista. ¡Por eso es fácil perder el autocontrol!

—Pero... pero... nunca escuché hablar de eso —comentó un líder alemán.

—¡Ahora es tiempo de escucharlo! Hoy, un niño de siete años posee más datos que los emperadores romanos. Otro, de nueve años, posee más información que Sócrates o Platón. Eso nadie lo soporta. El exceso de información no utilizada se vuelve basura intelectual. Agota el cerebro. ¿Promediando, quién tendría más información: Einstein o los ingenieros y físicos de la actualidad?

—¿Einstein? —pregunta un ministro de Educación europeo.

—Se equivoca, señor. Son los ingenieros y físicos de la actualidad. ¿Pero por qué no producen ideas complejas como las que el joven Einstein produjo a los veintisiete años, en su burdo escritorio de patentes en el que trabajaba? Porque lo que forma a un pensador no es la cantidad de datos, sino su organización.

Marco Polo proyectó algunas imágenes reveladoras. Niños y adolescentes conectados todo el día al teléfono móvil, pero desconectados de sí mismos. Y de repente, a la menor contrariedad, reacciones explosivas. También mostró niños durmiendo mal y otros despertando de madrugada para acceder a las redes sociales. Parecían zombis.

—¡Pero la era digital trajo mejoras innegables! —cuestionó una líder de la India.

—Sí, incluso un aumento cognitivo y una mejora en el raciocinio lógico y de productividad. Pero también provocó daños enormes. No podemos cerrar los ojos ante eso. Millones de jóvenes son víctimas de intoxicación digital —Marco Polo lo explicó mejor: —Quítenles los teléfonos y muchos tendrán síntomas de abstinencia, ¡igual los que se generan por la dependencia de drogas! Ansiedad, insatisfacción crónica, impaciencia, baja tolerancia a la frustración, un tedio atroz porque sienten que se han quedado sin nada que hacer.

—Pero estamos en la era de la democracia, somos libres en nuestras elecciones... —defendió un filósofo suizo.

—Pero, señor, yo le aseguro que nunca en las sociedades democráticas hubo tantos esclavos en el único lugar en que es inadmisible ser un prisionero: en la propia mente.

—Pero el desarrollo tecnológico aumentó la esperanza de vida. No podemos condenarlo. ¡Vivimos el doble de tiempo del que los romanos vivían! —añadió una líder italiana, especialista en salud pública.

—La tecnología trajo ventajas importantísimas. En el pasado una amigdalitis mataba. Pero necesitamos ver el otro lado de la moneda social. Vivimos una media de ochenta años, pero la mente humana está tan estresada por el exceso de información que hoy en día ochenta años pasan tan rápido como si fueran veinte en el pasado.

—Quiere decir que nuestro sistema se volvió una fábrica de locos. Para usted estamos viviendo más en términos biológicos y muriendo más pronto en términos emocionales, ¿es eso? —indagó un político francés.

—Estoy seguro de que estamos viviendo esa paradoja. Se trata de una violencia subliminal contra nosotros mismos, pero no catalogada por la ONU ni discutida en este debate. ¿Parece que dormimos y despertamos con la edad que tenemos hoy, señoras y señores?

—El doctor Marco Polo tiene razón. Algunas investigaciones indican que ese ritmo frenético nos vuelve más individualistas e insatisfechos. Estamos en la era de la industria del entretenimiento, pero nunca hemos tenido una generación tan triste. Ésa es la otra gran paradoja —afirmó Michael, un neurólogo que más tarde se volvería amigo de Marco Polo.

—Estamos en la era de los mendigos emocionales —concluyó

Marco Polo—. Muchos de ustedes visten trajes y corbatas de marca, pero no pocos mendigan el pan de la alegría. Ése es otro tipo de violencia autoinfringida.

Corrió un murmullo entre el público.

—¿Está diciendo que las sociedades modernas se convirtieron en un manicomio a cielo abierto? —clamó un político ruso.

Las personas estaban inquietas. Habían ido ahí para discutir la violencia de los otros, y no sabían que eran violentas consigo mismas. Marco Polo proyectó en la pantalla imágenes de personas sin techo en las calles de las grandes ciudades. Mencionó también la multiplicación de mendigos en Francia durante el siglo XVIII. Debido a las guerras, corrupción política y conflictos sociales, se produjeron tantos miserables que se tropezaban con otros hambrientos que vivían en las calles. Fue entonces cuando citó un país joven, soleado y alegre: Brasil.

—Por ejemplo, en la ciudad de São Paulo, en el periodo de 2002 a 2012, el índice de suicidios entre jóvenes aumentó cuarenta y dos por ciento.

—¿Qué locura es ésa? ¿Si eso sucede en Brasil, hacia dónde va la humanidad? —comentaban las personas entre sí.

Marco Polo agregó:

—La FAO, organismo de la ONU, responsable de la seguridad alimentaria, como ustedes deben saber, detectó que hay ochocientos millones de personas en el mundo con hambre. Un problema intolerable —y, mirando a los ojos al Secretario General, que estaba perturbado por la exposición, señaló: —pero las estadísticas no dicen que hay millones de mendigos emocionales, algunos viviendo en bellos departamentos y en casas confortables.

El público irrumpió en aplausos.

Marco Polo estaba por finalizar su charla, pero las personas solicitaron que continuara. Un político argentino intervino para comentar algo muy serio, sólo que de una forma simpática:

—¿Dónde hay un restaurante emocional, doctor Marco Polo? Soy muy impaciente, reclamo mucho, detesto cuando mi computadora o teléfono se tardan en encender. Soy un hambriento emocional.

Muchos sonrieron y aplaudieron. Marco Polo comentó:

—La principal característica de los mendigos emocionales es hacer poco de mucho. Por ejemplo, los padres tienen pavor de que sus hijos se vuelvan drogadictos, pero, sin percibirlo, envician su cerebro con un exceso de estímulos.

De repente, una de las más importantes empresarias de España, que les daba todo a sus hijos, se mostró preocupadísima:

—¿El exceso de regalos puede perjudicar a nuestros hijos?

—Puede generar violencia contra su salud emocional, señora. Puede conducirlos a necesitar cada vez más estímulos para sentir algunas migajas de placer. No sólo las drogas causan dependencia —alertó Marco Polo.

Los líderes estaban muy perturbados; muchos habían caído en esa trampa. Fue entonces que el psiquiatra proyectó la imagen de un niño africano volando un cometa, feliz de la vida. Después, una niña corriendo tras unos animales, sonriendo, como si se hubiera sumergido en un oasis de placer. Luego, cambió el paisaje, mostró una animación en la que un pequeño hacía un berrinche: "¡Quiero más!". Otro le gritaba a su madre: "¡Me tienes que comprar un teléfono nuevo!". Los niños se comportaban como pequeños reyes, transformando a sus padres en esclavos.

"Dios mío, qué estoy haciendo con mis dos hijos...", se dijo a sí misma la empresaria. "Les doy regalos casi todos los días y cuánto más les doy, menos agradecen, más reclaman y más infelices se sienten."

—El riesgo de que padres adinerados generen débiles emocionales es mayor que el caso de los padres pobres... —agregó Marco Polo.

Los líderes mundiales se frotaban las manos en el rostro, asustados. Representaban a la élite de sus países.

—Nos ha dejado sin piso, doctor Marco Polo. Discutimos la violencia en este congreso, pero no percibimos la que practicamos con nuestros hijos —dijo el ministro de Defensa de Alemania—. Para mí, es suficiente. Necesitamos repensar nuestras actitudes.

Marco Polo ya no podía callarse. Antes de la salida del ministro alemán, arrojó otra bomba emocional más al pecho del auditorio:

—Por favor, busquen dar a sus hijos lo que el dinero no puede comprar: su presencia y su historia propias. Enséñenles a contemplar lo bello. ¡Ése es el mejor de los regalos!

—¿Contemplar lo bello es lo mismo que admirar lo bello? —indagó el ministro todavía de pie.

La respuesta lo hizo sentarse:

—¡No! Hasta un psicópata como Adolfo Hitler admiraba lo bello. Él acariciaba a su perra Blondi con una de las manos y con la otra telefoneaba a sus subordinados ordenando guerras irracionales. Era vegetariano, no quería que los animales sufrieran, pero no le importaba que niños y mujeres padecieran en los campos de concentración. Admirar lo bello es una experiencia fugaz. Contemplar lo bello es entregarse, hacer mucho de lo poco.

Las personas cruzaban miradas. El Secretario General de la ONU indagó:

—¿Los grandes pensadores de la historia, por ventura, contemplaban lo bello?

—Casi nunca. Einstein era depresivo; Kafka, pesimista; Van Gogh, hipersensible; Nietzsche, mórbido. El éxito financiero, político, intelectual, si no se trabaja, genera fracaso emocional porque provoca una psicoadaptación al propio éxito, haciendo que las personas necesiten de "mucho" para sentir "poco". Las celebridades, en la medida que ascienden en sus carreras, subordinan el placer de vivir...

Terminó comentando que muchos millonarios, conforme enriquecen más y más, se vuelven, sin darse cuenta, miserables que viven en palacios.

—Estoy asustado... ¡Entré rico y salí mendigo de la ONU! —bromeó un empresario de Silicon Valley.

Todos se rieron.

—La emoción es democrática, señoras y señores, se alimenta especialmente de las cosas simples y anónimas de la vida.

De repente, una pregunta inesperada y muy difícil de responder enrareció todavía más el ambiente:

—Y Jesucristo, ¿sabía contemplar lo bello? —indagó un líder del Parlamento británico.

Marco Polo se detuvo, respiró profunda y prolongadamente y respondió:

—Respeto a los que se vinculan a alguna religión, pero soy ateo. Para mí, Dios es una idea construida por el cerebro humano que, por estar apasionado por la vida, no soporta terminar en la soledad de una tumba... Por lo tanto, no voy a discutir aquí de religión.

Pero el líder del Parlamento británico lo confrontó:

—Yo no le pregunté si usted cree o no en Dios. Le pregunté si el personaje Jesús era saludable, feliz ¡si contemplaba lo bello! —insistió.

Marco Polo respiró lentamente. La atmósfera se volvió tensa en la reunión de la ONU.

—Nunca estudié su personalidad, pero las religiones cristianas venden la idea de que Jesucristo era un hombre triste, intimista, que cargaba el mundo sobre sus espaldas, con un bajo nivel de alegría.

De repente, una participante se puso de pie y, en sintonía con el político inglés, desafió a Marco Polo:

—Sé que usted estudia el proceso de formación de pensadores, doctor. Usted es muy osado, pero parece tener miedo de investigar la mente de Jesús bajo el ángulo de las ciencias humanas —comentó aquella psicóloga sin medias palabras.

Todos se sobresaltaron con la audacia de la mujer.

—¿Miedo, yo? —dijo Marco Polo, mirándola fijamente a los ojos.

—Sí, miedo, ¡la vieja cárcel humana! ¿Entonces, por qué no acepta el reto de investigar ampliamente los aspectos de la inteligencia de Jesús?

Hubo un silencio general en el auditorio. Marco Polo contraatacó:

—¿Le parece correcto presionarme delante de este noble público de líderes mundiales? —dijo, aparentemente indignado.

—¡Sin duda alguna! —afirmó ella.

Un rumor se apoderó del lugar. El Secretario General de la ONU se levantó para moderar la situación. Pero de inmediato Marco Polo preguntó, todavía más serio:

—¿Cuál es su nombre?

—Anna.

Una sonrisa se abrió en su rostro y comentó:

—Voy a pensar en su propuesta, Anna. Pero antes quiero decir públicamente que yo la amo...

Nadie entendió lo que pasaba. Después de un silencio cálido, él explicó:

—Bien, necesito gestionar mi mente, pues incluso mi esposa me está estresando...

Cuando supieron que Anna era su mujer, todos sonrieron, se levantaron e irrumpieron en aplausos. Veían en ellos a una pareja increíble, espontánea e inteligente. Fue en ese ambiente que Marco Polo dio por terminada su participación.

Muchos salieron de la reunión de la ONU transformados; algunos, reflexivos; otros, aturdidos. Percibieron que no sabían dirigir su vehículo mental, no eran líderes de sí mismos. Estaban asumiendo el papel de mendigos emocionales, viviendo de migajas de placer.

2

Terremotos emocionales

Anna, la mujer de Marco Polo, era una psicóloga brillante. Su madre siempre fue depresiva y desgraciadamente murió cuando ella todavía era una niña. Tuvo que reinventarse para sobrevivir. Su padre, el doctor Amadeus, era un ejemplo clásico del hombre que se empobreció en la medida que fue adquiriendo riqueza. Siempre fue autoritario, insensible, controlador y exigente.

La enfermedad de su madre la motivó a especializarse en depresión, el último estadio del dolor humano. Marco Polo fue un vuelco en su historia, un nuevo capítulo en su biografía, que contribuyó de manera determinante para que ella se volviera flexible y resuelta, generosa y determinada. Su objetivo principal como profesional en salud mental era incitar a sus pacientes a ser autónomos.

Su padre hizo de todo para impedir la relación entre los dos. Tener una hija psicóloga ya era complicado para un megaempresario cuyo dios era el dinero. Ahora, tener un yerno psiquiatra, amigo de los "esquizofrénicos", era intolerable pues revelaba las propias locuras del doctor Amadeus.

—Hija mía, tienes una vida de reina. Vivir con ese psiquiatrita sin dinero y saturado de romanticismo intelectual hará que tú, tarde o temprano, te topes de frente con la realidad. Con certeza engrosarás las estadísticas de las relaciones fracasadas.

Marco Polo llegó sin que lo hubieran notado y escuchó la plática del padre con la hija. Siempre seguro, intervino con convicción:

—¡Quien ama sin riesgos, ama sin gloria!

Tomado por sorpresa, el doctor Amadeus no ofreció disculpas. Es más, las disculpas no eran parte del diccionario de su vida y lo enfrentó:

—Sólo que algunos riesgos son estúpidos e irracionales... El nivel de vida de mi hija se va a desplomar y tú no vas a poder mantenerlo sin mi ayuda.

—No necesitaremos de tu ayuda —afirmó Anna.

—Es lo que los hijos rebeldes siempre dicen —rebatió el padre con rabia, apartándose.

Víctima de su pasado, al principio de su relación, Anna era posesiva, celosa, hipersensible, siempre buscaba una atención desproporcional de Marco Polo. Una pequeña distracción generaba dramáticas exigencias. El médico estimulaba su conciencia crítica, sin embargo, sabía que nadie se casa sólo con una persona, sino también con todos los fantasmas de su pasado.

—Una persona emocionalmente insegura tiene un amor insaciable; por lo que busca siempre en el otro lo que no tiene dentro de sí —le decía.

A Anna le afectaban las palabras de su novio. Trataba de digerirlas día y noche.

—Yo lo sé, Marco Polo. No quiero que tu amor me libere. Tengo que aprender a ser libre. Pero lo que quiero, de verdad, es que tu amor me dé alas para volar más lejos.

—En primer lugar, los celos son una falta de ti mismo, no del otro. Si tú te abandonas, seré incapaz de satisfacerte —decía Marco Polo con frecuencia.

Poco a poco Anna resolvió la difícil ecuación de la posesividad. A partir de ahí comenzaron a tener una relación muy agradable. Por fin, contra todos los esfuerzos de su padre, se casaron. Aunque la convivencia turbulenta con el doctor Amadeus se suavizó un poco con el nacimiento del único hijo de la pareja, Lucas, un chico listo, sociable y alegre, nunca pudo solucionarse totalmente.

Con el paso de los años Marco Polo conquistó fama internacional. Era osado, tranquilo, un profesional humilde, notable y, por encima de todo, un investigador perspicaz. Era capaz de mantener la serenidad aun en momentos de crisis. No obstante, todo ser humano tiene sus límites. Mantener el autocontrol frente al dolor de los otros es una cosa, pero frente a nuestro propio dolor, sobre todo cuando perdemos a quien más amamos, es otra cosa. Había llegado su momento de enfrentar una derrota.

Marco Polo vertía lágrimas, inconsolable. Estaba perdiendo a su eterna enamorada, Anna.

—¿Por qué? ¿Por qué? —se preguntaba.

Colocaba las manos sobre su cabeza, secaba las lágrimas de su rostro y caminaba de un lado a otro.

—Yo te amo, querida. ¡No te vayas tan pronto! —se decía a sí mismo en voz alta—. Vi a muchas personas devastadas a causa de pérdidas irreparables. ¡Y ahora, soy yo quien está deshecho! ¿Qué dolor es éste...?

La soledad cómoda es positiva, la soledad intensa es inútil. Marco Polo se sentó en el sofá en el que acostumbraba leer biografías de los grandes personajes de la historia y escribir sus textos, pero no conseguía pensar. La mesa de mármol travertino nunca se sintió tan fría. Frente a él estaban apilados varios de sus libros, algunos publicados en diversos países. En aquel momento Marco Polo no era el psiquiatra famoso ni el científico agudo, sino un ser humano fragmentado tratando de asimilar su propio caos.

Era común tener sorpresas agradables cuando se sentaba en ese sofá. Anna, siempre generosa, le traía una fruta, un café, un jugo o le hacía un cariño en la cabeza.

—No me dejas pensar —bromeaba él.

De personalidad divergente, ella frecuentemente le hacía preguntas sobre los textos que escribía. Marco Polo se acordó de sus últimos cuestionamientos.

—¿A qué pensador estás estudiando ahora?

—A algunos filósofos existencialistas: Nietzsche, Merleau-Ponty, Sartre.

—¿Cómo salieron de la ruta impuesta para producir nuevas ideas?

Marco Polo hablaba de sus anotaciones con entusiasmo. Ambos tenían largas y agradables conversaciones. Estudiar el proceso de formación de pensadores era extenuante, pero tener a Anna a su lado era como tener un perfume inspirador para su mente. Ese día él obtuvo algunas conclusiones que la dejaron muy pensativa:

—¿Cuál es la mayoría de edad civil, Anna?

—Dieciséis o dieciocho años, dependiendo de la sociedad.

—¿Y cuál es la mayoría de edad emocional? —indagó él.

—Nunca reflexioné sobre eso.

—Hay muchas personas de cincuenta o sesenta años que todavía son inmaduras. No soportan ser contrariadas ni reconocen mínimamente sus errores. El mundo debe girar a su alrededor, pues tienen una edad emocional de diez o doce años.

—¿Qué edad emocional tendrá mi padre? —preguntó ella pensativa.

—Es un muchacho en el cuerpo de un hombre de mediana edad —después, respirando lentamente, bromeó con ella—: No fue fácil cautivarte.

—Fui yo quien te conquisté, jovencito. Qué bueno que sabes elegir... —le dijo ella tomándolo de la camisa y besándolo.

Así era la relación entre Anna y Marco Polo, llena de afecto, serenidad y buen humor. Pero ahora él estaba sintiendo la árida soledad de un desierto. Súbitamente, su teléfono sonó, trayéndolo de regreso a la durísima realidad.

—¿Marco Polo?

Su corazón se disparó. La noticia más amarga que un ser humano podría recibir estaba a punto de ser anunciada.

—¿Sí?

—Soy... Matheus —era su amigo, un neumólogo.

—Matheus, ¿cómo está Anna?

A Matheus se le quebró la voz. No conseguía proferir aquellas palabras, pues también era muy amigo de Anna.

—Ya lo sé, amigo... Anna cerró los ojos a la vida... —se anticipó el psiquiatra.

—Todavía no, amigo —comentó el neumólogo con la voz quebrada.

—¡Ah, qué alegría! ¿Cómo está? —preguntó Marco Polo, con los ojos centelleantes por las lágrimas que brotaban.

—Está inconsciente... en coma inducido. Tuvo dos infartos. Conseguimos resucitarla, pero... pero... difícilmente soportará un tercero... Tiene disfunción multiorgánica.

—¿Disfunción multiorgánica? —exclamó Marco Polo, inconforme. Estaba viviendo un verdadero terremoto emocional.

—Lo siento mucho, amigo... estás perdiendo a tu esposa... Y Claudia y yo, a una gran amiga... —dijo el doctor Matheus, sin poder contener las lágrimas—. Bueno, tú estás más preparado... para soportar esta pérdida... Creo que es tiempo de preparar también a Lucas...

Darle a un hijo la noticia de que nunca más oirá la voz de su madre o tendrá sus abrazos y besos es la última cosa que un padre desea hacer. Marco Polo se sentó nuevamente en el sofá y reflexionó sobre eso. Los recuerdos acababan con el oxígeno de su emoción.

Lucas estaba en Miami, pasando las vacaciones en casa de su abuelo. Acababa de partir cuando Anna comenzó a manifestar los síntomas de una enfermedad pulmonar autoinmune, rara y de evolución rápida, que tomó a todos los médicos por sorpresa, incluso a Marco Polo. Diariamente esperaba que ella se recuperara, por eso no le había contado a Lucas lo grave de la enfermedad. Pero Anna empeoraba cada vez más.

Cuando Marco Polo tomó el teléfono para darle la triste noticia, otro terremoto emocional afectó todavía más sus bases. Un policía norteamericano lo estaba llamando.

—¿*Mister* Marco Polo?

—Dígame.

—Soy de la policía de Miami, distrito veinticinco.

Marco Polo sintió un frío helado por dentro.

—¿Le sucedió algo a mi hijo Lucas?

—Desgraciadamente, sí

—¿Un accidente?

—No.

Marco Polo respiró un poco más aliviado. El jefe del distrito continuó:

—¡Posesión ilegal de drogas!

—¿Posesión de drogas? ¿Un joven de dieciséis años portando drogas? ¡Pero él nunca las ha consumido!

De hecho, Lucas nunca había consumido drogas. Hasta hace quince días.

—Los padres siempre son los últimos en saber.

—¿Qué tipo de drogas?

—Cinco gramos de cocaína.

—¿Cocaína? ¡Pero si él ni siquiera tiene dinero para comprar eso!

—Y cometió otra infracción. Iba conduciendo sin licencia.

—¿Cómo es posible? Él no tiene un vehículo a su disposición, está pasando las vacaciones en casa de...

Fue cuando Marco Polo cayó en sí y se dijo a sí mismo:

—El doctor Amadeus...

—¿Qué? —preguntó el jefe de la policía de distrito.

—Pensé en voz alta. ¿Puedo hablar con mi hijo?

—Sí —respondió el policía y le pasó el teléfono a Lucas.

—¿Hijo...? ¿Lucas...?

Pero Lucas sólo lloraba.

—Hijo, habla conmigo.

—Perdóname papá... Perdóname... —dijo el muchacho llorando.

—Siempre te incité a que valoraras la vida, hijo... La cocaína crea una gravísima dependencia psicológica. Genera una cárcel emocional terrible.

—Ya lo sé, papá. Sólo estaba probando... Soy el peor hijo del mundo...

Marco Polo no sabía cuál dolor era mayor, la pérdida de su esposa o la de su hijo.

—No digas eso, hijo mío. Yo te amo. ¿Cuándo comenzaste a consumir drogas? ¡Sé honesto, por favor!

—Fue aquí, en Miami. La probé al segundo día después de que llegué. Algunos amigos que conocí aquí...

—Ésos no son amigos, hijo mío.

Lucas continuaba muy turbado, llorando.

—Cálmate, hijo... Existen dolores peores que ése...

—¿Peores, papá? ¿Cómo? El abuelo está furioso. ¡Dice que soy una mierda, que he avergonzado a la familia, que no voy a ser nadie en la vida!

—No, no, hijo mío... tú eres un muchacho maravilloso. Vamos a transformar este error en un gran acierto. Déjame hablar con tu abuelo.

El doctor Amadeus tomó el teléfono hablando de manera ríspida:

—¿Qué educación le diste a tu hijo? ¿No eres un psiquiatra famoso?

—Soy un ser humano sujeto a equivocarse. No menosprecie a su nieto, doctor Amadeus. Él necesita de usted en este momento difícil.

—Tengo que limpiar su lodazal y ¿todavía quieres darme lecciones de moral? —dijo el suegro, sin la menor compasión.

Ni siquiera preguntó por el estado de salud de su hija, aun sabiendo que ella estaba en terapia intensiva.

Marco Polo, profundamente herido, elevó el tono de voz:

—¿Usted le dio dinero a Lucas y puso un coche a su disposición sin que tuviera licencia para conducir?

—¿Me estás diciendo irresponsable? Fracasas como educador y todavía me culpas, tú... tú...

—Ni siquiera va a preguntarme por su hija. No puede ser generoso ni cuando Anna... está perdiendo la vida...

Cuando Marco Polo habló del estado de Anna, el doctor Amadeus volvió en sí y se calló por primera vez. Temblando, dijo:

—¿Anna está...?

Lucas escuchó las palabras de su abuelo y entró en pánico.

—¿Qué pasó, abuelo?

—Desgraciadamente Anna tuvo dos infartos —informó Marco Polo—. Está respirando con ayuda de aparatos... Estaba a punto de avisarles.

—Mi hija está muriendo... —dijo el doctor Amadeus, que en ese momento enmudeció y dejó caer el teléfono.

Desesperado, el muchacho agarró el teléfono y habló con su padre:

—Papá... papá... ¿mi mamá se está muriendo?

—¡Ay, hijo mío...! Todavía está viva...

—¿Su enfermedad es grave?

—Desgraciadamente, sí. Está respirando con ayuda de aparatos.

—¡No! ¡No! ¡Mi mamá no puede morir! —dijo Lucas, llorando.

—Vamos a conservar las esperanzas. Es mejor que estemos juntos. Regresa a casa.

Lucas colgó el teléfono, desesperado. Lo liberaron de los cargos debido a la urgencia médica de su madre. El muchacho tendría que presentarse en un tribunal y hacer trabajo comunitario. Su abuelo debería comparecer posteriormente para mayores aclaraciones. A pesar de detestar los hospitales, el doctor Amadeus no podía rehusarse a visitar a su hija en un momento tan delicado.

3

Pérdidas irreparables

Tomaron el primer vuelo hacia Los Ángeles. La cuarta esposa del doctor Amadeus los acompañaba. Cuando llegaron al hospital, Marco Polo vio a su hijo de lejos. Corrieron uno al encuentro del otro. Lloraron juntos. Fue un momento emotivo que conmovió a todos los que estaban cerca. En seguida extendió las manos hacia el doctor Amadeus, que lo saludó formalmente.

—¿Cómo está la madre?

—Estoy esperando las últimas noticias.

Llegó el doctor Matheus, que venía de terapia intensiva. Abatido, se acercó al muchacho con los ojos húmedos. Le frotó la cabeza con las manos.

—¡Hola, Lucas! —y dejó escapar una lágrima.

—¿Mi mamá murió?

—Lo siento mucho —el neumólogo respiró hondo y asintió, confirmando la noticia. Después pidió algo imposible para un hijo que acaba de perder a uno de sus padres—: Sé fuerte.

—Tienes todo el derecho a llorar, hijo. Llora sin miedo —dijo Marco Polo, devastado.

—¡No! ¡No! ¡Yo quiero a mi mamá...!

El padre de Anna, el doctor Amadeus, se retiró temblando. Se fue a su hotel y se atiborró de tranquilizantes, como siempre que enfrentaba algún problema. Interiorizarse y pensar en la vida le daba pavor. Marco Polo se llevó a su hijo a casa.

—Mamá... mamá, ¿por qué te fuiste? —balbuceaba Lucas repetidamente.

Al día siguiente, celebraron el velorio. Fue un día soleado pero profundamente triste. No sólo Lucas lloraba, más de doscientos niños y adolescentes que vivían en los orfanatos que Anna atendía, lloraban su muerte.

Cada grupo de niños y niñas huérfanos traía un cartel. Uno decía: "¡Te fuiste, mamá, pero vivirás para siempre dentro de nosotros! Orfanato Saint Claire", otro expresaba: "Nuestros padres nos abandonaron, pero tu corazón nos acogió, Anna. ¡Tú eres inolvidable! Orfanato Los Ángeles", uno más señalaba: "Gracias por habernos dado lo mejor que tenías para los que poco teníamos. Te amamos. Orfanato Hijos de María, San Diego".

Marco Polo fue abrazado no sólo por Lucas, sino por todos sus "hijos adoptivos". Fue el velorio más emotivo que aquel cementerio había presenciado. A pesar del escenario marcadamente triste, Marco Polo homenajeó a su esposa:

—Anna fue mi eterna enamorada. Vivir a su lado fue un privilegio. Era gentil, generosa, paciente y tolerante. Supo escribir los capítulos más importantes de su vida en los momentos más desesperantes de su historia.

Lucas también habló:

—Mi mamá murió tan joven... Pero ella vivirá para siempre dentro de mí. Ella me amó, me protegió, fue paciente, fue... fue... —y no consiguió decir más palabras.

Enseguida el ministro religioso hiló las suyas:

—Anna es como una de aquellas raras flores que nacen en el jardín de la humanidad y prematuramente son recogidas. Ella buscaba la presencia del Creador en las entrelíneas de la existencia. Era un gran ser humano y una profesional notable. Hace algunos días nos dejó un mensaje por escrito, para ser leído en caso de que partiera:

Por más larga que sea, la vida se extingue rápidamente en el paréntesis del tiempo. Deslumbrarse con ella es la mayor responsabilidad de todo mortal. Lucas y Marco Polo, mis amados, voy a amarlos para siempre, aun cuando mis ojos estén cerrados. A todos mis hijos adoptivos de los orfanatos y a mis queridos amigos y amigas, no lloren por mí... Si merezco ser honrada por todos ustedes, hónrenme siendo más felices, hónrenme deslumbrándose con la existencia, pues la vida es un gran teatro, y la muerte es sólo un acto. Continuaré escenificando mi papel en la eternidad.

Beatrice, Julia y Hillary lloraban sin parar. Al escuchar esas palabras aplaudieron largamente en homenaje a la sabiduría de Anna. Todos los presentes acompañaron a las pequeñas del orfanatorio y honraron a Anna con el cáliz de la alegría.

A la salida del velorio, el doctor Amadeus se acercó a Marco Polo. Parecía que finalmente aquel hombre viejo quebraría su máscara y se inclinaría generosamente. Gran engaño. Mirando a los niños de los orfanatorios, dijo con arrogancia:

—Tú y mi hija hicieron cosas interesantes. Pero no te olvides, doctor Marco Polo: si la vida es un teatro, tú acortaste la escena de mi hija. ¡No pusiste a Anna en las manos de los mejores médicos! ¡Voy a investigar tu conducta!

Después besó al nieto en la frente y salió sin decir nada más. El multimillonario partió a su cárcel, un enorme palacete en Miami, rodeado de personas pagadas para repetir todos los días que él era un gran hombre... Los sociópatas financieros no tienen amigos, tienen aduladores...

Un año después

Marco Polo era profesor en la Facultad de Medicina y Psicología. A pesar de ser un intelectual célebre, no escondía sus fallas debajo de su intelectualidad. Cierta vez estaba en la sala de los profesores del departamento de psicología con el doctor Robert, un renombrado psicólogo, profesor de la misma institución.

—¿Cómo está Lucas? —preguntó el amigo.

—Continúa consumiendo drogas —dijo Marco Polo llevándose las manos a la cabeza.

—Lo siento mucho...

—Me angustia oír la variación de la famosa frase "¡Médico, cúrate a ti mismo!" por "¡Psiquiatra, cura a tu propio hijo!".

—¿Él se resiste al tratamiento?

—Lucas ya pasó por cinco psicólogos y tres psiquiatras. Pero siempre acaba desistiendo. Intento ayudarlo, pero es difícil. Se comporta como una caja fuerte, no se abre. Necesita reinventarse, pero su motivación no se sostiene. Cuando accede a las ventanas traumáticas, cierra el circuito de la memoria; prefiere castigarse, se siente impotente, se olvida de todo...

El doctor Robert buscó alguna esperanza para Marco Polo, a quien admiraba y quien lo apoyó en su formación. Qué difícil era ayudar a su propio maestro.

—Eres un excelente psiquiatra, nos preparaste a muchos de nosotros. Estoy seguro que de alguna forma lo ayudarás a salir adelante.

—Sueño día y noche con eso. ¡Pero tengo miedo de perderlo! —después respiró profundamente y comentó—: Es difícil aceptar el hecho de que apoyé a innumerables pacientes, entrené a psiquiatras y psicólogos, pero fallé a la hora de cuidar a quien cargué en mis brazos...

El doctor Robert le respondió:

—Tú desarrollaste una teoría sobre el funcionamiento de la mente, sabes mejor que nadie que no tenemos control sobre el proceso de la personalidad. Psiquiatras, psicólogos, líderes y celebridades, también han tenido hijos enfermos... No te culpes, Marco Polo. Tú siempre fuiste un padre presente y amoroso.

—Los padres presentes también fallan. No fallé en dar amor ni en apoyar a mi hijo. Pero fracasé en ofrecerle herramientas para ayudarlo a ser el autor de su propia historia.

—Todos nosotros fallamos en esa cuestión —se lamentó el doctor Robert.

—Desgraciadamente desarrollé esas herramientas cuando él ya era adolescente... Mi hijo no sabe controlar su ansiedad ni proteger su mente.

—¿Quién lo sabe, Marco Polo? ¿Cuántos psiquiatras y psicólogos saben proteger su propia emoción? Son muy buenos para los otros, pero se olvidan de sí mismos. Mis hijos también crecieron con dificultades. Laura es consumista y Pedro es nerviosísimo...

—Les enseñamos valores como ética y honestidad, y creemos estúpidamente que eso es suficiente. Lanzamos a nuestros hijos a la cueva de los leones, a esta sociedad estresante, sin habilidades para sobrevivir. La humanidad se volvió una fábrica de locuras y nosotros somos sus constructores...

De repente su teléfono sonó. Era alguien informando sobre el paradero de Lucas. Marco Polo había contratado a un detective para saber dónde y a quién le compraba drogas su hijo.

—¿Cómo? ¿Dónde está Lucas?

Marco Polo salió de prisa, no consiguió ni despedirse de su amigo. Subió a su coche y conduciendo con rapidez llegó hasta una zona peligrosa, donde prevalecía una red de narcotráfico. No tenía idea de que su hijo conociera a traficantes peligrosos. Había hablado con el jefe de policía de la región durante el trayecto.

—¡Sé dónde está mi hijo!

Llegando allá, entró en una casa mal iluminada. Había prostitutas en el lugar. Varias personas estaban consumiendo drogas, algunas acostadas en el piso, dopadas. De repente, llegó a una sala donde algunos traficantes discutían sus negocios, quienes se pusieron tensos por la presencia del intruso. Marco Polo cerró rápidamente la puerta y continuó buscando a su hijo.

Y encontró la imagen que un padre jamás imaginaría presenciar: Lucas estaba extendido sobre el piso convulsionándose. Sus ojos giraban, de su boca salía espuma y sus miembros padecían contracciones causadas por una fuerte crisis. Estaba sufriendo una sobredosis.

—¡Hijo! ¡Hijo! —gritó desesperado.

Súbitamente, Lucas tuvo un fallo cardiorrespiratorio. Se estaba muriendo...

—¡Lucas, hijo mío! ¡No te mueras! —dijo Marco Polo llorando.

Le dio un golpe en el pecho para tratar de reanimar su corazón, pero no volvió en sí. Comenzó a masajear su tórax con fuerza y enseguida le dio respiración boca a boca. Había perdido a su esposa de forma trágica, ahora estaba perdiendo a su hijo de forma catastrófica.

En ese ínterin, la policía llegó y comenzó a cazar a los traficantes. Marco Polo continuaba con sus maniobras. Afortunadamente el corazón de Lucas volvió a latir. El muchacho tosió. Marco Polo lo abrazó con fuerza y una vez más derramó lágrimas.

—¿Papá... qué pasó? —preguntó Lucas en voz baja.

—Regresaste, hijo mío... Regresaste... —dijo, tratando de enjugar sus lágrimas mientras sostenía la cabeza de Lucas junto a su pecho.

Lo levantó lentamente y, con el apoyo de un policía, comenzó a llevarlo al coche. Los traficantes pasaban a su lado esposados, aullando de rabia. Fueron decomisados diez kilos de cocaína y miles de piedras de crack. El jefe, encarando a Marco Polo lo sentenció:

—Ningún lugar de este planeta estará demasiado lejos para encontrarte.

El psiquiatra continuaba sosteniendo a Lucas. Tuvo miedo, pero el jefe de la policía, que era su amigo, le dijo:

—No se preocupe, doctor. Siempre dicen eso.

Enseguida, los traficantes fueron llevados por los policías hacia las patrullas.

Lucas fue internado en un hospital general. Una vez restablecido, le pidió a su padre:

—¡Quiero que me internes en una clínica especializada!

—Ya lo hiciste una vez, hijo mío. Y no ganaste nada con aislarte. ¡Tienes que seguir un tratamiento, tienes que enfrentar a los fantasmas que se te aparecen!

—No tengo control, papá. Esta vez yo lo quiero, lo necesito.

Y así, por segunda vez fue internado. Pasaría tres meses lejos de todos, pero no de los demonios emocionales que habitaban los resquicios de su mente. Necesitaba dejar entrar la luz de la razón en los terrenos inhóspitos de su psique para poder escribir su propia historia, y no ser sólo la historia escrita de sus traumas.

4

La humanidad en llamas

Explosiones ensordecedoras provocaban el pánico. Enloquecidos, los hombres gritaban como animales empuñando bayonetas contra los enemigos creados por sus gobernantes. Era la Primera Guerra Mundial. De repente la imagen cambió. Trenes cargados de niños, mujeres y hombres inocentes bajaban en la estación más sombría de la humanidad, en Polonia. Gritos inaudibles. Enseguida el cáliz de la muerte se formó en Hiroshima. Japón ardía en dolor. ¡Un miedo inimaginable! Ráfagas de ametralladoras cercenaban la selva en Vietnam. Los hombres se convertían en predadores de sí mismos. Súbitamente seres atemorizados miraban hacia lo alto. ¡Las torres gemelas se derrumbaban! La realidad desnuda era más cruel que la ficción. Los ataques terroristas se multiplicaban, el virus de la corrupción infectaba a las naciones, éxodos de migrantes, intolerancia a la frustración, culto a las celebridades... La humanidad estaba en llamas. De repente, la sobrecargo llamó al pasajero:

—¡Señor, señor... despierte!

—¿Qué? —preguntó Marco Polo, asustado. Había sido una pesadilla.

—Por favor, asegure su mesa y regrese el respaldo de su asiento a la posición inicial. Vamos a aterrizar en Jerusalén —solicitó la azafata.

—¡Ah, sí!

Desde que habló a los políticos en la conferencia de la ONU sobre causas y soluciones para la violencia, Marco Polo se había convertido en consultor de la organización. Esta vez lo habían invitado a dar una conferencia en el congreso internacional más importante para la preservación de los recursos naturales del planeta promovido por la entidad. El tema era "Calentamiento global. El futuro de la Tierra". Las principales mentes de las naciones estaban reunidas: abogados, ambientalistas, empresarios, líderes políticos, sociólogos, psicólogos, educadores. Pero Marco Polo hablaría de los recursos naturales de otro planeta: el Planeta Emoción.

Los últimos años habían sido los más cálidos registrados por el hombre, y las respuestas de los países al calentamiento global eran débiles. "Estamos creando las situaciones más catastróficas para nuestros hijos. No sabemos los secretos de cómo plantar palmas de dátil ni pensamos seriamente en las próximas generaciones. Somos una especie irresponsable", pensaba Marco Polo.

A la entrada del salón del congreso, un ecologista francés comentó a un colega alemán:

—Es extraño. Estoy hojeando los temas de las conferencias y hay un investigador, el doctor Marco Polo, que hablará sobre "La sustentabilidad del Planeta Emoción". Nunca oí hablar de eso.

—Yo tampoco. No entiendo la relación de eso con el calentamiento global.

Había varias conferencias realizándose simultáneamente, pero en el salón principal, había llegado el momento de la conferencia magna del día. Luego de ser presentado, Marco Polo tomó el micrófono y, sin medias palabras, sacudió de inmediato a la audiencia de más de quinientos asistentes:

—Antes de que la Tierra se acabe, hablemos de la emoción del *Homo sapiens*. No ganamos nada hablando de la preservación de los recursos naturales de este Planeta Azul sin que hablemos primero de la preservación de los recursos del Planeta Emoción. Las investigaciones demuestran, que una de cada dos personas desarrollará un trastorno psíquico: ansiedad, depresión, síndrome de pánico, enfermedades psicosomáticas. Más de un millón de personas desarrollarán algún trastorno depresivo. Cada cuarenta segundos, una persona se quita la vida. Cerca de setenta millones de personas son portadoras de trastornos alimentarios, como bulimia y anorexia. Apenas tres por ciento de las mujeres se sienten bellas, lo que demuestra la muerte colectiva de la autoestima.

Las personas se miraban unas a otras preocupadas. Muchas reflexionaban. Después de eso, el doctor Marco Polo habló de una forma cruda y transparente:

—Estamos en la era del desperdicio emocional. Apagamos nuestros aparatos pero no nuestra mente. Freud comentó que los traumas en la primera infancia determinarían el curso de la enfermedad psíquica del adulto, pero podemos enfermarnos en cualquier época si el índice GEEI es alto.

Cuando Marco Polo habló sobre el índice GEEI, psicólogos, sociólogos y pedagogos estaban llenos de dudas. Nunca habían escuchado hablar de dicho índice.

Enseguida una socióloga, la doctora Michelle, profesora de una universidad de París, que estaba sentada en la segunda fila, se levantó y lo interrumpió:

—Desconozco lo que significa el índice GEEI, doctor Marco Polo.

Él esperaba esa pregunta. Sonrió ligeramente y disertó:

—El índice GEEI significa "Gasto de Energía Emocional Inútil". No nos enfermamos sólo debido a traumas y a la pérdida de neurotransmisores, también debido a un gasto irresponsable de energía emocional.

—¿Pero qué comportamientos componen ese índice? —cuestionó la ambientalista canadiense.

—Si yo le contara, ¡el calentamiento global de su cerebro estallaría! —bromeó. Todos sonrieron. Enseguida solicitó—: relajen brazos y piernas, y, por favor, sonrían, pues la situación está para llorar.

Todos rieron una vez más, frente al buen humor del profesor. Pero lo que él estaba diciendo era en serio.

—El primer comportamiento que agota los recursos naturales del Planeta Emoción: es ser un acreedor de las emociones.

Nadie entendió lo que él quería decir. Marco Polo continuó:

—Un acreedor facilita dinero a intereses altos y, a veces, impagables. Del mismo modo, el acreedor de la emoción se entrega a quien ama, pero cobra intereses emocionales exorbitantes. Ejemplos de esto son los padres que no soportan la más mínima contrariedad, profesores intolerantes e incapaces de comprender a los alumnos, compañeros especialistas en crear fricciones, empresarios exigentes, incapaces de reírse de su propia estupidez y de las incoherencias de los otros. Seamos honestos: ¿quién es un acreedor de la emoción en su interior?

Muchos en el auditorio levantaron las manos.

—Estoy comenzando a entender que agoto mi cerebro y el de los demás con extrema facilidad —comentó un abogado.

Enseguida Marco Polo mostró imágenes que sacudieron al público. Empresarios golpeando la mesa, reclamando a sus empleados como si fueran esclavos. Uno decía: "¡Incompetentes!", otro vociferaba: "¡Lárguense, están despedidos!". Padres rompían los exámenes del hijo: "¡Tú eres un error, jovencito! ¡A tu edad yo sacaba siempre la más alta calificación!".

—Existen otros tipos atroces de acreedores, aquellos que exigen demasiado de sí mismos —continuó—. Son los autoacreedores de la emoción. Quién exige demasiado de sí y de los otros es apto para trabajar en un banco, pero no para tener una bella historia de amor con su propia salud emocional.

Todos sonreían, aunque el caso fuera para llorar. Marco Polo siguió:

—Reflexionar pérdidas y frustraciones y sufrir por adelantado son dos comportamientos que destruyen el Planeta Emoción y contaminan el presente: el único tiempo en que es posible ser feliz, realizado y relajado.

Uno de los presentes, un abogado judío y activista por los derechos humanos, el doctor Moisés, levantó las manos y bromeó:

—Profesor, ¿dónde me interno? ¡Mi índice GEEI es altísimo! —el auditorio rio y aplaudió su buen humor. Serio, concluyó—: muchos de nosotros somos geniales para la sociedad, pero al mismo tiempo, verdugos de nosotros mismos. ¿Cómo vamos a cuidar del planeta Tierra si somos irresponsables con el Planeta Emoción?

—¡Usted comprendió mi tesis! —afirmó Marco Polo. Enseguida mostró personas de los más diversos niveles, transpirando, llevándose las manos a la cabeza, desesperadas, jadeantes. Era posible imaginar su corazón latiendo a un ritmo alucinante—. Éstos son los esclavos de la era moderna. ¡Encadenados a su propia emoción!

Un psiquiatra chino, el doctor Ma Tao, quedó tan impactado con la exposición que preguntó:

—Fatiga al despertar, dolores de cabeza, caída de cabello, irritabilidad, dificultad para convivir con personas, ¿pueden ser considerados síntomas de que mis recursos del Planeta Emoción están agotados?

—Son más que síntomas, son gritos de alerta que envía su cerebro. Pero somos insensibles a ello —confirmó el doctor Marco Polo—, incluso, señores, la pérdida de memoria habitual, de la que padecen casi todas las sociedades modernas, es una súplica cerebral. Sueño con que el índice GEEI disminuya y se transforme en un índice GEEU, Gasto de Energía Emocional Útil, incluso para dar respuestas valiosas para mitigar el calentamiento global.

Los aplausos del auditorio hicieron eco. El doctor Marco Polo continuó:

—La humanidad está en llamas. Sin una gestión de las emociones, los ricos se vuelven miserables; las parejas comienzan sus romances en el paraíso del afecto, pero terminan en el infierno de las fricciones; los jóvenes suprimen su creatividad, los profesionales sabotean sus habilidades. Sin controlar las emociones, el cielo y el infierno psíquico conviven en nuestra mente...

El doctor Marco Polo estaba lanzando el primer programa mundial de gestión de las emociones. Soñaba con contribuir al futuro de la humanidad.

—Uno de los comportamientos más violentos de la falta de gestión y que más agotan al Planeta Emoción es la necesidad neurótica de cambiar a los otros. *Nadie cambia a nadie: tenemos el poder de empeorar a los otros, no de cambiarlos*. ¿Quién ha tratado de cambiar a una persona necia?

Casi todos levantaron la mano.

—Lo siento mucho, pero ustedes empeoraron a esa persona —muchos soltaron la carcajada, aunque debían haberse preocupado. El psiquiatra concluyó—: Sólo la persona puede renovarse. Existe un fenómeno que archiva todas las experiencias en el tejido cerebral sin la autorización consciente del Yo.

Y proyectó en la pantalla una representación del fenómeno RAM (registro automático de la memoria) actuando en un cerebro. Un rechazo, cualquier ofensa, un tono de voz elevado, una crítica, algún pensamiento perturbador: todo es registrado en fracciones de segundo, formando archivos que cambian el paisaje de la memoria. Marco Polo usó la metáfora de una ciudad para ilustrar la explicación. Era como si las plazas dejaran de estar iluminadas y perdieran sus árboles, como si los barrios fueran perdiendo su brillo y las calles se llenaran de agujeros.

—¡Cuidado, señoras y señores, las técnicas que usamos para cambiar a los otros generan ventanas traumáticas que cristalizan en ellos todo aquello que más detestamos: ¡elevar el tono de voz, criticarlos excesivamente, sermonearlos, compararlos y presionarlos!

Marco Polo hizo muchos otros comentarios importantes y complejos. Discurrió sobre la naturaleza de los pensamientos, la administración del estrés, la autonomía, la reedición de la memoria... todo parecía transcurrir de forma brillante en su conferencia.

Cuando ya se aproximaba al final, una inesperada tempestad emocional comenzó. George, un filósofo existencialista, especialista en Sartre, pidió la palabra:

—Yo siempre enseñé que el ser humano está condenado a ser libre, pero según su explicación, doctor Marco Polo, sin la gestión de las emociones podemos ser esclavos a pesar de vivir en sociedades democráticas.

—¡Correcto, profesor!

—Mi pregunta es la siguiente: ¿su programa no es demasiado utópico para ser puesto en práctica en una sociedad digital y lógica?

—¡Si no lo intentamos, nos convertiremos en una sociedad inviable!

—¿Usted conoce intelectuales de la historia que hayan sobresalido como administradores de su emoción? ¿Pensadores, artistas, líderes, religiosos?

—Estudio el proceso de formación de pensadores, pero desconozco hombres que hayan sido modelos en gestión de las emociones —comentó Marco Polo.

—¿Ninguno? —insistió el filósofo.

Marco Polo comenzó a dar ejemplos sorprendentes:

—Freud expulsó de la familia psicoanalítica a todos los que contrariaron sus ideas. Einstein tenía rasgos depresivos y, además de eso, internó a uno de sus hijos en un manicomio y nunca más lo visitó. Gandhi fue un pacifista, pero no pacificó a los fantasmas de uno de sus hijos, que era alcohólico. Franz Kafka era pesimista. Nietzsche poseía una perspicacia tremenda, pero vivía inmerso en el fango de la angustia. Kant se encerró en una torre en su pequeña ciudad. Sócrates fue un maestro en el arte de dialogar, pero no se cuestionó otras alternativas a la cicuta, a pesar de las súplicas de Platón y otros discípulos. En fin, respondiendo a su pregunta, desconozco hombres inteligentes que hayan sido expertos en administrar su mente.

—Y usted, como autor del programa de gestión, ¿se considera un experto en el área? —preguntó un psiquiatra japonés.

El auditorio enmudeció. Marco Polo salió del anfiteatro y exploró su mente, haciendo un breve recuento de su historia.

Anna jadeaba. Él estaba desesperado. Segundos después ella ya no estaba en su cama. "Anna, mi amada, ¿por qué me dejaste? ¡Fue todo tan rápido!" En seguida el paisaje mental cambió. Pensó en su hijo. Lucas le decía: "¿Por qué estás tan preocupado por mí? ¿El gran Marco Polo tiene miedo?". "Sí, hijo mío. ¡El pequeño Marco Polo tiene miedo de perderte!", respondió.

De repente volvió al auditorio, que estaba esperando una respuesta. Todos querían saber si él era o no, un modelo de gestión de la emociones. Marco Polo confesó:

—Sufro por adelantado, tengo miedo de perder a alguien que amo. También pienso constantemente en el pasado, rememoro la pérdida de quien amé y me angustio. Soy un aprendiz en la gestión de las emociones y un ser humano en construcción.

—¿Qué tipo de honestidad es ésa? —se dijeron unos a otros respecto a la transparencia de Marco Polo.

—Si un sujeto con esa inteligencia es un ser humano en construcción, entonces yo soy un embrión —le dijo un amigo a otro en la primera fila.

Después de ese momento cálido de reflexión, cuando la tempestad emocional parecía haber abandonado el ambiente, regresó con más fuerza.

—¿Y Jesucristo? —indagó una socióloga estadunidense.

—¿Otra vez? —dijo en voz baja Marco Polo, para que nadie más lo oyera.

Se acordó de su esposa Anna, quien públicamente lo incitó a responder una pregunta similar. Ahora alguien cuestionaba otra área psíquica del mismo personaje. Y de nuevo, él declaró:

—Discúlpeme, pero soy ateo. No discuto religión en las conferencias —dijo, pero no pudo evitar la siguiente pregunta.

—¿Pero quién está hablando de religión? Me estoy refiriendo a Jesucristo, al hombre, a la figura histórica. Estoy indagando si él fue o no un experto en la gestión de las emociones.

Marco Polo respiró hondo y le preguntó a la socióloga cuál era su nombre.

—Anna.

—¿Anna? ¡Qué increíble!

—Sí, Anna. ¿Por qué?

Se le humedecieron los ojos y dijo:

—Discúlpeme... Me acordé de una persona muy querida... Ya me retaron a estudiar la mente de Jesús, pero sólo analizo biografías confiables. Siempre consideré su vida y los evangelios como una tentativa de los galileos de producir un héroe para librarse del yugo de Tiberio César, el tiránico emperador romano...

Hubo cierto bullicio en el público. De repente cayó un rayo en medio de la tempestad emocional.

—Doctor Marco Polo, su tesis sobre el índice GEEI es inteligentísima, pero sus prejuicios no lo son. ¿No le parece que ese comportamiento aumenta su índice GEEI? —le preguntó la doctora Sofía.

Hubo un silencio general entre el público. El psiquiatra se

mantuvo serio durante algunos instantes, pero después sonrió abiertamente. Todos rieron con él. Después de una breve tos, dijo:

—Creo que soy un buen maestro, ¡pues permito que mi asistente, la doctora Sofía, me ponga contra la pared! —todos le aplaudieron. Enseguida habló con honestidad—: Los prejuicios son, sin duda, una forma tonta de desperdiciar energía emocional, tanto de la persona excluida como del objeto de exclusión. El prejuicio nutre a los demonios que están en los resquicios de nuestra emoción. Un día tendré que analizar al personaje Jesús bajo el ángulo de las ciencias humanas... ¿Alguien más quiere estresarme? —bromeó y con esas palabras cerró la conferencia—: Muchas gracias por escucharme...

El cautivante pensador terminó su charla sobre "La sustentabilidad del Planeta Emoción" y fue aplaudido. Enseguida varias personas lo rodearon para felicitarlo y pedirle que les dedicara sus libros.

Aquella ciudad era mágica y provocaba sensaciones mentales imprevisibles en sus visitantes. Jerusalén haría temblar los cimientos de Marco Polo.

5
El Muro de las Lamentaciones

Después de la última conferencia, Marco Polo y Sofía, su asistente, irían al hotel a descansar. Como el hotel estaba a un kilómetro y medio del lugar del evento, prefirieron hacer el recorrido a pie. Querían disfrutar de la belleza de la ciudad. Personas de más de cien naciones visitaban Jerusalén cada año.

Marco Polo no sólo amaba producir conocimiento sobre la mente, también tenía un hobby: la fotografía. Con su sensibilidad a flor de piel, le gustaba capturar la expresión facial de las personas, sus alegrías y tristezas, sus éxitos y dramas.

De repente, un hombre apuntó un arma a Marco Polo, que estaba distraído.

—¡Cuidado, Marco Polo! —gritó Sofía.

Cuando el hombre iba a tirar, fue rápidamente contenido por los miembros de seguridad que estaban encubiertos. Lo derribaron, lo sometieron y lo esposaron.

—¿Qué fue eso?

—¡Aquel hombre estaba apuntándote con un arma! —dijo Sofía en estado de pánico.

—¿A mí? ¿Cómo?

—No sé. El tipo estaba en medio de la multitud, a unos diez metros, yo lo vi. El arma estaba apuntada hacia ti. ¡Vámonos!

—Cálmate, Sofía. ¿Sería un terrorista? ¿Un sociópata? ¡No tengo enemigos!

En aquel preciso momento, el hombre que antes empuñaba el arma se le quedó viendo fijamente a Marco Polo, quien no se dio cuenta.

—¿Nos vamos al hotel? —insistió Sofía.

—Espérate. Tranquila. Ese hombre debe haberme confundido con alguien. Acuérdate del índice GEEI. No vamos a sufrir por adelantado. El criminal ya fue apresado. No vamos a dejar que nos robe nuestra salud emocional —dijo con seguridad.

A ella le sorprendió la resiliencia de Marco Polo; minutos después se relajó. Observaba a su jefe fotografiando personas y eso la intrigaba. Debería fotografiar monumentos.

—Me admira que alguien tan famoso como tú, ponga tanta atención a las personas sencillas, anónimas.

—El secreto de la felicidad es hacer mucho de poco. Cada ser humano es una obra de arte más bella que la *Mona Lisa* de Da Vinci y más compleja que el *Guernica* de Picasso. Y con eso incluyo también a los portadores de enfermedades mentales. Sólo no ve el que no tiene...

Antes de que terminara la frase, ella lo hizo por él:

—...ojos para ver. Por eso dijiste en una de tus clases que el culto a las celebridades es un síntoma de una humanidad enferma.

—Exactamente. Incluso un paciente con un ataque psicótico

es tan o más complejo que el mejor personaje de Hollywood. ¡Él vive una película de terror, mientras el otro es sólo una fantasía!

Esta vez fue él quien se sorprendió cuando su asistente agregó:

—La aversión a los que sufren mentalmente y las aclamaciones a los que aparecen en columnas de sociales son típicos de una sociedad enferma.

—Felicidades, Sofía.

Poco tiempo después, estaban delante del famosísimo Muro de las Lamentaciones. Marco Polo fotografió a las personas orando, llorando, suplicando para resolver sus conflictos. El psiquiatra se quedó pensativo, acordándose de sus propias lágrimas. Recordó la imagen de Anna, su esposa, y de Lucas, su hijo. Revivió un momento muy feliz. Los tres corrían entre los árboles tratando de alcanzarse uno al otro como si la vida fuera un juego eterno. De repente, la imagen desapareció y Marco Polo se sintió ligeramente sofocado.

Sofía, viéndolo pensativo, comentó:

—Discúlpame si te puse en jaque durante el debate, profesor. No quise ser agresiva.

Sofía tenía treinta y un años y Marco Polo, cuarenta y siete.

—Aprendo más con quien me desafía que con quien me aplaude.

—Siempre fui muy tímida, no sé cómo dije aquello.

—Los tímidos siempre están en deuda con la espontaneidad. Hay un índice GEEI alto, pues se preocupan mucho por la opinión de los otros. Si silencias tus ideas, Sofía, tendrás una deuda impagable contigo misma.

A Sofía le sorprendieron esas palabras.

—Ya que me incitas a que hable, ¿por qué cambió tu semblante mientras tomabas algunas fotografías?

—No sé... Fotografié a algunos personajes que me hicieron viajar en el tiempo, rememorar a las personas que amo.

—¿Fue agradable?

—Sí, pero el regreso fue cruel...

El Muro de las Lamentaciones era una especie de museo a cielo abierto, una estructura que daba soporte al edificio principal, donde fuera construido el Templo de Jerusalén. Reyes, presidentes, empresarios, celebridades, personas de todos los pueblos y culturas pasaban por él, retiraban su máscara social, lamentaban sus pérdidas y hacían sus peticiones. Al tocar sus inmensas piedras, los seres humanos se quitaban el manto de dioses para vestir el manto de su pequeñez, fragilidad y mortalidad...

Murmuraban palabras inaudibles, escribían deseos nunca antes expresados y los incrustaban en las grietas del muro. Marco Polo, debido a la avalancha de estímulos estresantes por los que había pasado, debería estar apoyado en el Muro de las Lamentaciones, pero no se inclinaría a lo "sobrehumano". Al ver el comportamiento de asiáticos, norteamericanos, europeos, africanos y latinos, comentó en voz alta para sí mismo:

—No entiendo por qué esas personas gastan tanto tiempo lamentando sus padecimientos y haciendo peticiones. ¿No habrá cosas más inteligentes y eficientes para resolver sus conflictos?

Inmediatamente Sofía lo miró; él sonrió ligeramente y se apresuró a explicar lo dicho:

—Estoy de acuerdo, es un prejuicio mío. Pero es que no consigo aceptar ese comportamiento.

La doctora Sofía era psiquiatra, hija de médicos, de padre católico y madre protestante, ambos oncólogos. Creía en Dios, aunque no era religiosa. Al oír el cuestionamiento de Marco Polo, le respondió:

—Muchas de las personas que lloran en el Muro de las Lamentaciones ya lloraron delante de oncólogos, ortopedistas, psiquiatras, en fin... Ya buscaron a la ciencia para resolver sus graves problemas.

Marco Polo se tragó en seco las palabras de su asistente.

—Es probable... —confirmó—. El socialismo no exterminó la religiosidad, la teoría de la evolución no la suprimió, la era digital no la silenció. ¡Es interesante!

—¿Quién satisface el deseo irrefrenable del ser humano de buscar sus orígenes? —cuestionó Sofía.

—Cuando yo era joven decía que era ateo, pero después comencé a pensarlo mejor y me volví romántico; empecé a creer en Dios, como tú, Sofía. Pero, al final, cuando comencé a investigar la más compleja frontera de la ciencia, es decir, la construcción de los pensamientos y la formación de la conciencia, me volví un ateo científico.

Enseguida hizo una larga pausa y cuestionó con arrogancia e ironía a su asistente:

—Respóndeme con sinceridad: ¿la creencia en Dios puede ser considerada fruto de un cerebro evolucionado?

—Antes de responder, contéstame primero: ¿la arrogancia puede ser el fruto de un cerebro evolucionado? —le devolvió la pregunta, hundiendo un puñal en su orgullo.

—¡Hey, espera! ¿Me estás diciendo prepotente? —le preguntó sorprendido.

Sin miedo a ser reprendida, le contestó una vez más:

—¿Y tú, me estás diciendo estúpida? No soy religiosa, pero creo en Dios. Por lo tanto, según tu diagnóstico, mi cerebro no se ha desarrollado.

—¡Discúlpame!

—Si no estuviste presente durante el inicio de los tiempos generado por el Big Bang, ni participaste en los millones de eventos físicos que ocurrieron durante el nacimiento del universo e, incluso así, afirmas categóricamente que en ninguno de ellos participó Dios, sea quien sea, ¿cómo quieres que te considere? ¿Súper genio o ingenuo?

—¡Qué atrevida!

—¡Tú me incitaste a no quedarme callada, acuérdate!

Marco Polo sostenía discusiones del más alto nivel cuando era atacado con argumentos lúcidos. La doctora Sofía removió tanto con sus pensamientos que él inició un debate filosófico raro e interesantísimo:

—Stephen Hawking, genio de la física, cierta vez dijo que la búsqueda de Dios era fruto del miedo a lo desconocido. En mi opinión fue ingenuo, pues el razonamiento de los religiosos es más complejo que cualquier tipo de miedo o fobia. Muchos evolucionistas también son simplistas al creer que la teoría de la evolución excluye a Dios. Dios podría ser el creador y quien monitorea los procesos aleatorios de la evolución. Darwin, al morir, sabía eso, pues, en medio de vértigos y angustia, clamó por Dios...

—Interesante —dijo Sofía, impresionada con la cultura del doctor Marco Polo—. Por favor, continúa.

Y, en medio de tantos transeúntes que pasaban por el Muro de las Lamentaciones, los dos científicos de la mente humana continuaron su inquietante debate. Parecía que no había nada ni nadie en Jerusalén que pudiera distraerlos. Marco Polo finalizó su reflexión:

—Pienso de forma diferente a los ateos clásicos, Sofía. Para mí, el ser humano es una gran pregunta en busca de inagotables respuestas. El deseo de conocer sus orígenes, asociado a la aversión de la mente humana a la muerte fomenta una búsqueda irrefrenable por Dios. Por lo tanto, no soy un genio, soy apenas un siervo de la ciencia, la ciencia es mi dios...

—Yo también soy neurocientífica, aunque no tenga el mismo reconocimiento internacional, doctor Marco Polo. Pero, contrario a ti, la ciencia es mi instrumento de trabajo, no mi dios. Los mismos argumentos que te hacen ser ateo me inspiran a creer en Dios. Y discúlpame por afirmar que el extremismo racional es tan atroz como el fundamentalismo religioso.

Raramente alguien debatía con Marco Polo sin sentirse inculto, aunque fuera un poco. Pero la inteligencia de la doctora Sofía perturbaba el cerebro del psiquiatra.

—Tengo que reconocer que tu argumento es romántico, pero brillante —dijo él, sonriendo. Y agregó—: declaremos un empate.

Pero Sofía no estaba satisfecha con un empate. Pensando en los ataques terroristas, en los inmigrantes, en los conflictos culturales que se multiplicaban, ella agregó:

—Yo creo que la ciencia y las universidades actuales se limitan cuando se rehúsan a debatir el tema de Dios y de la espiritualidad, pensando que eso tiene que ver con la adhesión a una religión. Los filósofos del pasado, como Descartes, Espinosa, san Agustín, Kant, eran más osados. Esos temas eran asuntos de pensadores, no los dejaban en las manos de los religiosos.

Marco Polo frunció el ceño y sonrió.

—¡Qué mujer tan audaz!

Cuando terminaron el debate descubrieron que decenas de personas a su alrededor oían atentamente la discusión. Ninguno había ganado el debate, pero por lo menos ambos habían marcado su territorio.

6

Manuscritos del Mar Muerto

Marco Polo y Sofía llegaron al enorme hotel. Al pasar por el portón iban conversando alegre y suavemente. De repente, él vio un folleto que sedujo sus ojos. Era sobre una conferencia anunciada para esa misma noche. El tema era "Manuscritos del Mar Muerto. El descubrimiento arqueológico más importante de la historia".

—Interesante —se dijo.

Marco Polo observó el nombre del ponente y algunos de los asuntos que serían abordados. Sus ojos brillaron, tenía curiosidad de profundizar sus conocimientos sobre dichos manuscritos, pero no bajo el ángulo religioso. Se acordó de Anna, su esposa. Dio un prolongado suspiro, y tuvo un solemne momento de silencio. Sofía lo observaba.

—¿Interesado en el tema?

—Un poco.

Se despidió de su asistente y los dos acordaron cenar juntos después de un descanso. Estaba fatigado; el trabajo intelectual, por más placentero que sea, es desgastante. Después de un baño, se sentó en el sofá de su habitación. Tomó un periódico, pero no consiguió leer. Su mente estaba perdida en la conferencia que el folleto anunciaba. Pensó aquí, reflexionó allá, titubeó por unos instantes e, inquieto, llamó a Sofía.

—Estoy pensando en ir a la conferencia sobre los Manuscritos del Mar Muerto. Va a comenzar en treinta minutos. Me preguntaba si querrías ir, me gustaría invitarte. Cenaremos después del evento. ¿Qué te parece?

Una sonrisa se dibujó en su rostro.

—¡Propuesta aceptada!

Diez minutos después estaban en un taxi camino al lugar indicado en el folleto. Llegaron justo al inicio. El conferencista, el profesor Moisés Abraham, era arqueólogo de la Universidad de Jerusalén, un respetado doctor en filosofía. Se habían reunido para escucharlo cerca de setenta personas en el anfiteatro. Marco Polo se sentó en la última fila. No quería exponerse.

—Los Manuscritos del Mar Muerto son una colección de centenas de textos que estaban enterrados en las cavernas de Qumrán, en el Mar Muerto. Fueron encontrados después de la Segunda Guerra Mundial, al final de los años cuarenta y principios de los cincuenta. Son copias rigurosas de los textos sagrados hebreos, realizadas por los esenios, una casta de judíos que vivieron hace más de dos mil años, en el siglo II antes de Cristo. Representan, por tanto, los descubrimientos arqueológicos más importantes de la literatura mundial —contó el doctor Moisés con propiedad.

El público estaba impresionado por la longevidad de los textos y por la obsesión de los esenios en hacer copias fieles de las Antiguas Escrituras.

Enseguida el doctor Moisés explicó:

—Los Manuscritos son ciertamente la versión más antigua de la Biblia hebrea. Lo único que no contienen son los libros de Ester y de Nehemías. Sus copistas vivían enclaustrados y su fidelidad a los textos originales era tan grande que descartaban todas las versiones con errores ortográficos. Probablemente vivían en pleno silencio mientras realizaban esa magna tarea.

Marco Polo estaba impresionado con lo que oía. Después de la exposición, se abrió la sesión de preguntas del público. El psiquiatra se presentó brevemente y dijo:

—Doctor Moisés, estoy realmente impresionado por su exposición. Siempre fui crítico de la manipulación de los traductores a lo largo de los siglos. Aunque su existencia es vital en una sociedad, hay una expresión italiana que dice: "Traductores, traidores". Siempre pensé que los actuales textos bíblicos habían sido modificados por los copistas y religiosos a lo largo de los siglos, fuera inconsciente o conscientemente.

Marco Polo tenía esa idea en mente no sólo porque era un investigador de biografías antiguas, sino también porque era escritor. Algunos de sus libros no habían sido traducidos de forma adecuada a otras lenguas, generando confusiones e interpretaciones ambiguas o equivocadas.

—Soy escritor, sé que las traducciones pueden mutilar una obra —concluyó el psiquiatra.

—Su inquietud, doctor Marco Polo, es la misma que tuve en mi mente. Es muy fácil introducir nuestras percepciones cuando copiamos o vertemos textos a otras lenguas. Incluso, para consternación de la arqueología, las versiones más antiguas que teníamos del Antiguo Testamento databan de los siglos IX y X d. C.

Y esas versiones son exactamente iguales a las hechas un milenio antes por los esenios, en el siglo II a. C.

El doctor Marco Polo quedó impresionado por ese hallazgo arqueológico. Como era investigador, siempre usaba el arte de las preguntas como bisturí para escindir los conocimientos más profundos. Detestaba respuestas ligeras e inmediatas. Bajo la mirada sorprendida de Sofía, comenzó de inmediato a bombardear al doctor Moisés con sus cuestionamientos:

—¿Cuál es la historia de los esenios? ¿Cuáles fueron sus proyectos de vida? ¿Qué motivación consciente e inconsciente los gobernaba? ¿Con quién aprendieron la escritura? ¿Sus relaciones interpersonales eran afines a la generosidad o a la competitividad? ¿Cómo se constituía su jerarquía social?

El doctor Moisés sonrió.

—Ya había oído hablar de usted, doctor Marco Polo. Su avalancha de preguntas expresa la mente de un científico insaciable y exigente.

—Discúlpeme. No sé aprender de otro modo —bromeó Marco Polo.

—Lo siento mucho, pero no tengo todas las respuestas. Hace más de veinte años que estudio a esa misteriosa casta judía, pero casi no hay relatos sobre los esenios. Probablemente eran cultos, vivían enclaustrados y con un comportamiento riguroso, lo que evidencia una motivación imperturbable para cumplir su proyecto de vida. ¡Preservar esos escritos para las generaciones siguientes fue su legado para el mundo!

De repente Alberto Mullen, renombrado teólogo del Vaticano, que estaba entre el público, tomó la palabra y también cuestionó al conferencista:

—¿Los esenios aguardaban la llegada del Mesías?

—Algunos textos que escribieron hablan sobre el Mesías e indican que sí estaban esperando su llegada —comentó el arqueólogo.

En ese momento Thomas Hilton, un profesor estadunidense, doctor en teología, se sumó a las dudas:

—Hay un texto en el Evangelio de Lucas, 3:15, que dice que los judíos de aquellos tiempos tenían una gran expectativa por la llegada del Mesías. ¿Es posible que ese fenómeno religioso, asociado a las tensiones políticas y económicas de la época, motivara a los esenios a enterrar varias copias de los manuscritos en las montañas?

—Su tesis es interesante. Sin duda, fenómenos importantes influían a esa casta, que abandonó todo, incluso su vida secular, para dedicarse a esa tarea solitaria.

A Marco Polo le parecieron inteligentes las intervenciones del doctor Thomas y del doctor Alberto. Pero una vez más, mostró los destellos de su ateísmo:

—Discúlpenme, pero en cualquier época en que la tiranía impera, el pueblo busca un salvador. Además, ¿cómo es posible que esperaran la llegada del Mesías si al mismo tiempo ellos hacían innumerables copias para que fueran halladas por otras generaciones? ¡No parece racional!

Los teólogos cruzaron miradas entre ellos. El doctor Thomas se defendió:

—¿Pero qué es lo racional? ¿La esperanza, la motivación, la transcendencia, la fe de esa casta? Los esenios, por miedo a la persecución política, podrían haber hecho copias para ellos mismos o para sus hijos.

—Su argumento es inteligente —reconoció Marco Polo.

—Los Manuscritos del Mar Muerto son un menú de respuestas sazonadas con muchas dudas —afirmó el prominente doctor Moisés.

Fue así que la conferencia concluyó. Marco Polo adoraba ser desafiado. Fue una noche maravillosa. Al salir, él y Sofía buscaron un restaurante para cenar. A la mitad de la comida, el psiquiatra comentó:

—En la filosofía, la duda es el principio de la sabiduría. Ella vacía el espíritu humano y nos lleva a ver el mundo bajo otras perspectivas. Sin ella, usamos tapaojos como los caballos de un carruaje.

—Un pensador es rápido en preguntar, pero lento para responder. Pero la ametralladora de tus preguntas asusta a cualquiera —observó Sofía.

Marco Polo sonrió y agregó:

—El imperio de las respuestas es cruel. Científicos, empresarios, educadores y religiosos, que tienen el vicio de responder sin antes cuestionarse, cometen errores muy serios.

Tuvieron una agradable plática. Después de cenar fueron al hotel. Pasarían algunos días más en Jerusalén. Querían explorar la magna y misteriosa ciudad, escenario de sueños y pesadillas, de paz y guerras.

Frecuentemente Marco Polo llamaba a su hijo. Quería saber cómo iba con el tratamiento.

—Hijo, ¿cómo estás?

—Reflexionando.

—¿Te parecen bien los psicólogos?

—Son agradables. Pero no siento ninguna alegría.

—La abstención genera una reacción depresiva. ¡Lucha por tu vida, Lucas! ¡Es tu mayor tesoro! ¿Hay consejeros dentro de la comunidad terapéutica?

—Sí. Todos ellos pasaron por la misma confusión. Me dan mucha fuerza.

—¡Nunca te olvides de que las peores cárceles no están en los presidios, sino en nuestra mente!

De esa manera la plática se extendió.

—¿Te está gustando Jerusalén, papá?

—Mucho.

En ese momento Lucas se acordó de su madre.

—A mi mamá le hubiera gustado... estar ahí...

Y comenzó a llorar. Marco Polo también se conmovió. Sus ojos se humedecieron...

—No tengas miedo de acordarte ni de hablar de tu madre... No temas llorar... Los grandes hombres lloran.

Terminaron confesándose cuánto se amaban uno al otro.

Al día siguiente, cuando regresaban de un paseo, Sofía vio un folleto sobre otra conferencia de teólogos renombrados. El tema era "La biografía de Jesús, ¿realidad o fantasía?". De inmediato ella se sintió seducida.

—¡Mira, Marco Polo, qué tema tan fascinante!

Él la miró con atención y le arrojó un balde de agua fría:

—Lo siento mucho, pero no me interesa —dijo clara y enérgicamente.

—Acuérdate de la conferencia de la ONU. Te desafiaron a investigar la mente de Jesús.

—Incluso tú. Pero por ahora no llama mi atención.

A Sofía no le gustó su negativa, a fin de cuentas el día anterior ella había aceptado su invitación. Él podría haber sido un poco más considerado.

Discurriendo su falta de delicadeza, Marco Polo, al salir del elevador, le dijo:

—De acuerdo. Te espero a las siete de la noche en la recepción del hotel.

—No te sientas obligado.

—Iré... pero no seré condescendiente... —afirmó.

—¿De qué hablas?

—¡Soy una ametralladora de preguntas! —le recordó. Ella comprendió. Marco Polo no se quedaría callado: tenía una gran oportunidad de discutir con los conferencistas y crear un ambiente de confrontación. Inquietar las mentes era una de sus especialidades. Sofía admiraba al profesor, pero esta vez estaba realmente preocupada. Parecía incontrolable cuando comenzaba a cuestionar todo y a todos. Como si Sócrates y Marco Polo hubieran bebido de la misma fuente; Sócrates al ser condenado a tomar cicuta, el veneno que lo callaría, ¡protestó diciendo que continuaría filosofando en la eternidad!

7

Un hombre cuestionador

Llegando al lugar del evento se sentaron en la última fila como el día anterior. Sofía respiró suavemente. Miró a Marco Polo y lo vio tenso. Había cincuenta y cinco personas presentes. Reconocieron a los conferencistas: el doctor Alberto Mullen, teólogo del Vaticano, tan respetado que algunas personas lo apoyaban para que en un futuro próximo aspirara a ser Sumo Pontífice. El otro conferencista era Thomas Hilton, protestante, doctor en teología por Harvard, escritor renombrado.

—¿No eran ellos quienes estaban en la conferencia sobre los Manuscritos del Mar Muerto? —preguntó ella.

—Sí —confirmó Marco Polo, un tanto circunspecto.

Escucharon muchas cosas acerca de descubrimientos paleográficos, arqueológicos y geográficos sobre los evangelios. Sofía pensó que a Marco Polo tal vez le estuviera gustando, porque hasta ese momento, su carácter incontenible se mantenía callado sin que su expresión revelara nada. El doctor Thomas terminó su participación tocando un asunto muy sensible para los psiquiatras:

—Las biografías de Jesucristo hablan sobre la resurrección, una esperanza para los mortales y un asunto que escandaliza a la medicina y a las demás ciencias.

Después de la presentación de los conferencistas, se abrió un espacio para las preguntas y discusiones. La doctora Sofía, con osadía, comentó:

—El fin de la vida está en la esencia de la mente humana. Permea la mayoría de las enfermedades psíquicas. El pánico, las paranoias, las ideas de persecución y las fobias existen porque somos mortales.

A Marco Polo le impresionó su colega. Él se puso de pie y comentó:

—Una observación sutil e inteligente, doctora Sofía —y complementó el argumento—: La condición frágil y mortal del ser humano mueve a la industria de los seguros, las fuerzas armadas, la medicina, los mecanismos de seguridad y las películas de Hollywood, en fin, es responsable directa o indirectamente de más de dos tercios del PIB mundial.

El auditorio observaba con atención a los dos científicos. El doctor Thomas Hilton, impresionado, agregó:

—Esa controversia es interesante. De hecho, la historia de Hollywood tendría que reescribirse si no existiera el fenómeno de la muerte. Las armas, las persecuciones, el terror, la acción, los superhéroes se nutren de nuestra fragilidad existencial.

Sofía, entusiasmada, agregó a los comentarios anteriores:

—Más de diez billones de células constituyen el cuerpo humano, y ninguna de ellas está dispuesta a morir. Mecanismos cerebrales son activados lanzando una ola de hormonas a la corriente sanguínea y produciendo aumento en el ritmo cardiaco y pulmonar, todo para que el ser humano huya de alguna situación de riesgo.

El debate parecía transcurrir de forma brillante hasta que Marco Polo sentenció:

—Las religiones también son una fuga.

Hubo un silencio general en el auditorio. Algunos quedaron consternados con esa tesis. Pero, para asombro de Marco Polo, el doctor Alberto, dijo:

—Gracias por su honestidad. Pero no todas las fugas son malas. Frente a la inevitabilidad de la muerte, la religión es una fuente inagotable de esperanza.

—Depende. La religión también puede ser una fuente de enfermedades mentales si hay radicalismo e intolerancia contra quienes piensan diferente o carecen de generosidad —afirmó el psiquiatra.

—¡Estamos de acuerdo! —confirmaron los dos conferencistas.

Sofía miró a su jefe y lo cuestionó sin medias palabras:

—¿La esperanza por superar la muerte es un atributo de los débiles o una búsqueda inteligente del derecho a continuar existiendo y pensando, doctor Marco Polo? ¿Es posible que la búsqueda por la eternidad no sea la misma de ustedes, ateos, cuando defienden el derecho a la libertad de expresión?

Ese cuestionamiento sagaz llevó a Marco Polo a reflexionar:

—Son coherentes sus indagaciones. Tal vez en el nivel inconsciente, tanto religiosos lúcidos como ateos brillantes busquen la libertad en sus aspectos más amplios —enseguida volteó a ver a los conferencistas—: y si la libertad nos es tan cara, es por ella que tengo que ser sincero. Aunque ustedes, señores conferencistas, sean inteligentes, no me convencieron de que los evangelios no son biografías escritas por hombres con motivaciones políticas.

El doctor Thomas Hilton respondió:

—Fueron escritos por hombres, pero inspirados por Dios... Más de dos mil millones de seres humanos creen en eso.

Pero Marco Polo rebatió:

—La inspiración divina entra en la esfera de la fe. Cuando la fe habla, la razón calla. Pero, como soy un hombre de ciencia, no consigo callarme. Por eso les pregunto: ¿cómo se formó la personalidad de Jesús? ¿Tenía él reacciones depresivas y/o ansiosas? ¿Sabía administrarlas? ¿Era resiliente? ¿Tenía autocontrol en los momentos de tensión? ¿Pasó por pruebas de estrés? ¿Sabía filtrar estímulos estresantes? ¿Su inteligencia era brillante u opaca? ¿Formaba pensadores o repetidores ciegos de información? ¿Cuáles eran sus principales tesis psicológicas? —después de acribillar a los dos conferencistas con esas preguntas, concluyó—: Salgo de aquí un poco más culto, pero todavía ateo. ¡Y con más dudas que cuando entré!

El doctor Thomas y el doctor Alberto quedaron aturdidos con esa secuencia de cuestionamientos. Ellos nunca habían estudiado esas áreas del personaje que amaban. Marco Polo causó un alboroto entre el público.

—Lo siento mucho —les dijo a todos. Después miró a Sofía, que estaba atónita, y le comentó—: Yo te dije que era mejor que no viniera.

Y comenzó a salir del recinto, dejándola. Ella se levantó para acompañarlo. El doctor Mullen, al verlo caminar rumbo a la puerta, comentó:

—Newton y Einstein creían en Dios.

Mirándolo, Marco Polo rebatió de nuevo:

—Los físicos son más emotivos, pasionales, mientras que nosotros los médicos, sobre todo los neurocientíficos, somos más racionales.

Dio algunos pasos más, se detuvo de nuevo, miró a los dos conferencistas y profirió sus últimas palabras a un público perplejo:

—Todos los días miles de niños mueren de hambre, jóvenes pierden la vida a causa de las drogas, hombres y mujeres sucumben al cáncer... Si existe un Dios, ¿cuál es la razón de su silencio? Pero mi escepticismo va más allá de ese cálido silencio. Sin embargo, no tengo derecho a deconstruir aquello en lo que creen. Es mejor que yo mismo conviva con mis fantasmas mentales.

Sofía estaba de pie. No sabía qué decir o cómo proceder. Marco Polo continuaba dirigiéndose a la puerta de salida.

Pero el doctor Thomas alcanzó a decirle:

—No todas las biografías de Cristo fueron escritas por galileos. ¿Por qué no estudia la biografía escrita por un griego erudito?

Marco Polo detuvo su marcha. Enseguida el doctor Alberto amplió su oposición:

—Estuvimos en su conferencia patrocinada por la ONU sobre la gestión de las emociones —Marco Polo se volvió hacia él, que remató—: Lo desafiaron a estudiar la mente de Jesús bajo la perspectiva de las ciencias humanas. Ya que usted es un neurocientífico, ¿por qué no estudia la única biografía de Jesús producida por un médico?

Marco Polo respiró hondo. Al verse sorprendido, preguntó:

—¿Un médico? ¿Quién es el autor?

—Lucas —respondió el teólogo de Harvard, refiriéndose al evangelio escrito por el médico griego, condiscípulo de Pablo.

Marco Polo se acordó una vez más de Anna. En ese momento, en un acto singular, dijo decidido:

—Si me dan los escritos de Lucas en varias versiones, los estudiaré, por supuesto.

El semblante de Sofía se relajó y sonrió.

Al final del evento, todos los participantes salieron, se quedaron solamente los cuatro: Marco Polo, Sofía, Thomas y Alberto. Marco Polo comentó:

—Ya que ustedes me desafiaron, propongo que hagamos una mesa redonda para estudiar la mente de Jesús. Sofía será la moderadora, el doctor Alberto y el doctor Thomas serán los dos teólogos de un lado de la mesa y dos neurocientíficos ateos, un amigo y yo, estaremos en la posición opuesta.

—¿Dos ateos contra dos teólogos? —preguntó el doctor Thomas.

—No contra, sino en debate. Para que no sea una discusión débil y poco productiva, propongo que estudiemos disciplinadamente, por la mañana y por la tarde, los principales textos de la biografía escrita por Lucas. Cada noche nos reuniremos para señalar nuestras conclusiones y criticarlas severamente.

Los dos ilustres teólogos se sintieron honrados y al mismo tiempo desafiados. Escogieron un ambiente tranquilo para hacer el viaje más increíble: estudiar, por lo menos un poco, al más increíble personaje de la historia. Pusieron fecha a los debates en una sala de la Universidad de Jerusalén.

Entusiasmado, el notable teólogo del Vaticano comentó:

—Sabemos que usted es un investigador del proceso de construcción de pensamientos y de formación de pensadores. Nos sentimos honrados de estudiar el evangelio de San Lucas con usted.

—Discúlpeme, doctor Alberto. No me siento honrado en estudiar el evangelio de San Lucas, sino a Lucas, el hombre, con sus posibles locuras y sensateces, con su serenidad y superficialidad. Usted, doctor Alberto, representa al catolicismo, y usted, doctor Thomas, al protestantismo, ¿no es así? Pues bien, sólo aceptaré ese debate si se lleva a cabo de forma libre, sin religiosidad, sin reflectores, sin público, sin límites, sin miedo a discutir y colocar en jaque cualquier idea, dogma o concepto. Vamos a debatir a Jesús bajo el manto de la psicología, la sociología y la psicopedagogía.

El doctor Alberto y el doctor Thomas cruzaron miradas y confirmaron:

—Aceptamos las condiciones.

Marco Polo, honesto, comentó:

—Pero existe el riesgo de que, después de ese debate, descubran que la inteligencia de Jesús carece de profundidad.

—Pero también es posible que ocurra lo contrario, que su escepticismo pueda derrumbarse —lo retó el doctor Thomas.

Marco Polo negó con la cabeza, como si tuviera compasión por los equívocos de sus dos contendientes. Sofía aceptó ser la moderadora. Ella estimularía el debate, suavizaría las tensiones, sacaría conclusiones y garantizaría el derecho de expresión de cada debatiente.

—¿Y quién será el otro contendiente ateo? —preguntó ella, curiosa.

—Michael Herman, doctor en neurociencia, que vive en Jerusalén. Somos amigos de mucho tiempo, aunque no sé si aceptará el reto o si estará disponible.

—¿El doctor Michael Herman? Ya he leído algunos de sus artículos. Él es un neurocientífico famoso por sus tesis y por criticar a las religiones y sus incoherencias —comentó el doctor Thomas.

Con una capacidad de síntesis fascinante, Marco Polo comentó cómo iba a analizar la mente de Jesús bajo parámetros definidos:

—Analizaré las siguientes diez habilidades básicas de Jesús:

1. Habilidades en la gestión de las emociones.
2. Capacidad para filtrar estímulos estresantes.
3. Competencia para romper núcleos de tensión y para reinventarse en el caos.
4. Capacidad para liberar su imaginación y desarrollar su creatividad.
5. Resiliencia y un umbral para soportar frustraciones.
6. Placer y capacidad de contemplar lo bello.
7. Capacidad de pensar antes de reaccionar y autocontrol.
8. Capacidad de ser empático y de construir puentes interpersonales.
9. Habilidad para formar pensadores y mentes brillantes.
10. Capacidad para ser autor de su propia historia, con consciencia crítica.

Los teólogos estaban impresionados con los diez temas y entendieron que realizarían un trabajo importante, con puntos muy definidos. Estaban entusiasmados con la posibilidad de conocer a Jesús bajo ángulos y en áreas probablemente inéditas. Pero no dejaron de sentir un escalofrío en la espina dorsal.

El resultado parecía imprevisible.

Sofía sabía que Marco Polo tenía una gran capacidad de analizar detalles subconscientes que pocos notaban. Era un pensador extremamente detallista. Fue así como se volvió el primer neurocientífico y médico psiquiatra en arriesgarse en una cruzada como aquella. No tenía la más mínima idea de lo que le aguardaba.

Tomaron un taxi camino al hotel. El chofer era muy reservado, no expresaba ni media sonrisa y apenas respondía. Marco Polo le dio la dirección y el hombre comenzó a conducir. A la mitad del trayecto, algo imprevisto sucedió. Un auto pasó junto a ellos en sentido contrario, dejando al taxista preocupado, pues el chofer parecía empuñar un arma.

Marco Polo y Sofía, distraídos, no se dieron cuenta de nada. De repente, el vehículo sospechoso hizo una maniobra radical cincuenta metros al frente y comenzó a perseguir al taxi en el que iban. El chofer aceleró inmediatamente.

—¿Qué está pasando? —preguntó Marco Polo.

—¡Nos están persiguiendo!

—¿Qué? Esto no es Hollywood, señor —dijo Sofía preocupada.

—Ojalá lo fuera, señora.

La persecución fue implacable. Entre una curva y otra, Marco Polo preguntó:

—¿A quién están persiguiendo? ¿A nosotros o a usted?

—No sé. Hace más de diez años trabajé en el servicio de inteligencia de este país —dijo casi sin aliento el taxista, haciendo otro rápido movimiento— ¿y ustedes?

—Somos científicos. ¡Somos inofensivos!

—¿Inofensivos? ¡Los científicos están en el centro de las conspiraciones mundiales! —afirmó.

Sofía miró a Marco Polo preocupadísima. Tenía el ceño fruncido, el corazón galopante, los pulmones agotados, apretó sus manos como quien se agarra para no caer de un peñasco.

En ese momento el chofer perdió el control y chocó con otro auto. Instantes después, varias patrullas llegaron. Observando el movimiento, los perseguidores huyeron sin dejar rastro. Marco Polo se lastimó el muslo derecho. Sofía tuvo algunos rasguños en la frente. Fueron atendidos en una clínica de emergencias próxima y enseguida fueron dados de alta.

—¿Quién nos seguía? —preguntó Sofía.

—Es perturbador... pero vamos a calmarnos. O los perseguidores querían asaltarnos, o estaban atrás de ese chofer. Ve tú a saber quién es él realmente o qué hizo.

Se abrazaron cariñosamente y tomaron otro taxi hasta el hotel. Ella estaba ensimismada, tratando de entender lo incomprensible. Su historia nunca había sido un mar en calma y soñaba con días tranquilos en Jerusalén. Pero todo estaba demasiado turbulento.

El chofer del taxi tuvo que quedarse internado, pues parecía haberse roto una costilla.

Al llegar al hotel, Marco Polo recibió una llamada de su hijo Lucas. Resolvió contarle sobre el accidente, pero sin preocuparlo demasiado.

Sin embargo, fue su hijo el que lo dejó tenso.

—Papá, es muy difícil soportar la soledad. Esta clínica parece una prisión —dijo Lucas, muy desanimado.

—Ten paciencia, hijo mío. Sigue todo el procedimiento del tratamiento.

—Duermo poco, mi apetito está pésimo, parece que apenas sostengo mi cuerpo. La vida perdió su color para mí.

—Estás deprimido. Dentro de un mes ya estarás de vuelta, hijo mío, y estaremos juntos. Tu Yo es quien tiene que escribir tu biografía, no dejes que tu dependencia la escriba. Procura desarrollar gusto por la vida ¡y no dejes de tomar tu antidepresivo!

—¡De acuerdo! ¿y tú, cómo estás? —dijo Lucas tratando de cambiar de tema.

—El taxi en el que venía sufrió un accidente, pero nada grave. Me voy a quedar unos días más aquí en Israel. Pero prometo que estaré en casa antes de que salgas de la clínica.

—Todavía no he superado la pérdida de mamá, discúlpame —dijo Lucas, emocionándose al recordar a su madre.

—Ella es inolvidable, no te mortifiques por eso —después de una pausa, Marco Polo dijo—: Creo que a ella le gustaría lo que estoy haciendo.

—¿Qué estás haciendo?

—Estudio la personalidad de Jesús bajo la luz de las ciencias humanas.

—¡No te creo!

—Créelo. Voy a estudiar a un escritor que lleva tu nombre: Lucas.

—Lucas, ¿el que escribió el evangelio?

—Ajá. Ya te contaré los resultados.

De esta manera, padre e hijo se despidieron.

Al día siguiente, Marco Polo llamó a Michael y le contó sobre el proyecto.

—¿Aceptas participar en el debate, amigo?

—Te admiro, Marco Polo, tú me has ayudado, pero entrar en eso sería meternos en camisa de once varas.

—¿Por qué, Michael?

—Somos racionales, mientras que esos religiosos... —no terminó su frase.

—Pero puede ser una experiencia intelectual interesante. Una pausa en nuestra fatigosa actividad académica y de investigación.

—¿Estudiar la mente de Jesús? ¿Puede su inteligencia contribuir a las universidades y a la ciencia? No lo creo... ¿Tiene ideas interesantes? Difícilmente... —dijo Michael lleno de prejuicios, para después agregar—: y además de eso, tus estudios sobre la mente humana asociados a mis críticas podrán llevar a esos religiosos por otros caminos. Al Papa no le va a gustar nada —bromeó.

—Pero el doctor Thomas y el doctor Alberto son hilos de otra madeja, son teólogos muy inteligentes —insistió Marco Polo.

—Bueno, va a ser interesante verlos caer a la lona en este debate ¡Acepto!

Y se despidieron. Marco Polo recibió el libro de Lucas, el tercer evangelio, en varias versiones. La mesa de la habitación de hotel era pequeña para acomodar tantos textos.

En los días siguientes, él se levantaba por la mañana y comenzaba a estudiar.

Los fundamentos de un intelectual nunca fueron tan vapuleados y, al mismo tiempo, los renombrados teólogos nunca habían dudado tanto de los textos en los cuales juraban ser expertos.

8

Un vendaval en la mente de Pablo y Lucas

Marco Polo conocía las trampas del proceso de interpretación. Sabía que toda interpretación corre el riesgo de contaminar una observación: una cucaracha podía ser vista como un fósil, un elevador podía ser imaginado como un cubo asfixiante, la gente podía ser considerada como una amenaza.

—El ser humano es el creador de los monstruos que lo aterrorizan —decía él cuando orientaba a Sofía—. ¿Quién soy? ¿Dónde estoy? ¿Cómo estoy? ¿A qué aspiro? ¿Qué es lo que contamina a la mente de quien interpreta?

Ésos eran algunos de los fenómenos inconscientes que instaban a psicólogos, padres, magistrados y empresarios a juzgar de forma distorsionada a sus pacientes, hijos, empleados y colaboradores.

—Estudia los textos de Lucas de forma transparente. Tu ateísmo, tu personalidad, tu estado emocional y motivacional no deben corromper tu mirada, por lo menos no excesivamente —le pidió ella.

Marco Polo sabía que ella tenía razón. En caso contrario, fracasaría en la compleja tarea de estudiar la mente de Jesús. No quería hacerse pasar por un dios, sólo quería ser un científico serio y exento de disquisiciones externas.

Con esa consciencia crítica leyó atentamente la introducción del primer capítulo del libro de Lucas. Reflexionó, comparó y analizó. No esperaba grandes sorpresas; al final de cuentas, ¿qué puedes esperar de los primeros párrafos de un libro? Sólo que de inmediato la narrativa lo dejó perplejo.

—¡No es posible! ¿Qué tipo de escritor es éste? —se preguntó.

Las primeras interpretaciones lo dejaron perturbado. Se dio cuenta de que no podría proseguir el análisis de la vida de Jesús, sin antes estudiar, aunque fuera de forma mínima, al biógrafo; a Lucas, el hombre. Como investigador procuró usar más que el método socrático para profundizar en su análisis. Buscó examinar las informaciones, cuestionar lo que estaba detrás de las primeras palabras del médico griego.

—¿Quién es Lucas? ¿Cuál es la estructura básica de su personalidad? ¿Era un hombre profundo o superficial? ¿Un curandero o un médico esmerado? ¿Qué motivaciones conscientes lo dominaban? ¿Qué motivaciones inconscientes estaban detrás de la biografía que escribió? ¿Su texto era prolijo/minucioso, prolijo/impreciso, sintético/superficial o sintético/profundo?

Al analizar los primeros capítulos, comenzó a convencerse de la última opción. Lucas escribía de forma sintética, buscando decir mucho con pocas palabras. Resume un día en pocas y sólidas palabras. Marco Polo estudiaba al biógrafo y al biografiado con tanta concentración que parecía transportarse al pasado y observar los acontecimientos históricos como si los hubiera vivido.

Después de horas sin interrupción en los estudios, tenía la mente cansada. Sintiendo necesidad de descansar, durmió brevemente, pero con profundidad. Y, por increíble que parezca, algo extraño sucedió. Comenzó a soñar con los hechos relativos a su lectura.

Dos mil años atrás

Un médico todavía joven estaba sentado en un banco de madera en la plaza central de Antioquía, una ciudad de la antigua Siria, al atardecer. El día había sido extenuante. Muchos enfermos, mucho sufrimiento. De repente, un hombre más o menos de su edad invadía el ambiente público. Caminando inquieto por toda la plaza, hablaba para quien lo quisiera oír. Estaba tan entusiasmado que parecía delirar. No obstante su elocuencia, solamente los camellos le prestaban atención. Aun así su convicción era inquebrantable:

—¡Ese hombre a cuyos seguidores encarcelé me hizo caer de mi orgullo y comprender mi insignificancia!

—Otro religioso delirando... —pensó Lucas en voz alta y volvió el rostro para no escuchar nada más.

Aun así, el hombre lo vio y se le acercó. Sin pedir permiso comenzó a hablar del personaje que invalidara sus prejuicios y calibrara sus conceptos. Lucas no le dio importancia. De repente, el hombre, que hablaba tres lenguas, se dirigió a él en griego.

Lucas estaba impresionado y educadamente preguntó:

—¿Cómo se llama usted?

—Saulo, de la ciudad de Tarso —dijo el orador ambulante.

—Disculpe, señor Saulo, pero no estoy interesado en sus predicaciones.

—Pero usted necesita escucharme...

—No tengo tiempo para esas cosas, soy médico.

—Excelente. Jesús es el médico de los médicos.

—¿Él hizo el juramento de Hipócrates?

—¿Juramento?

—¿No conoce el juramento que el gran médico griego enseñó a sus discípulos? —preguntó Lucas, citando algunos términos del juramento: "Dirigiré el régimen de los enfermos en provecho de ellos, según mis fuerzas y mi juicio, y me abstendré de todo mal y de toda injusticia. Pasaré mi vida y ejercitaré mi arte en la inocencia y la pureza. En cualquier casa que entre, iré para la utilidad de los enfermos, guardándome de toda mala acción voluntaria y de corrupción. De todo aquello que vea u oiga en la sociedad durante el ejercicio de mi profesión, e incluso fuera de ella, callaré lo que no necesita ser nunca divulgado, considerando la discreción como un deber en semejante caso. Si cumplo este juramento sin infringirlo, seré honrado siempre por los hombres; si lo violo y soy perjuro, que mi suerte sea la contraria".

—Interesante —comentó Saulo—. Contrario a ese juramento, tengo el deber de divulgar lo que he visto y oído.

Fue así como Saulo contó su experiencia en el camino de Damasco... y todo el daño físico, social y emocional que causó a los seguidores de Jesús. Lucas estaba atónito a causa de su relato.

—¡Señor Saulo, cuánta ira contenida guardaba usted! Tener pensamientos opuestos a los suyos era convertirse en su enemigo. ¿Cómo pudo haber cambiado tanto?

Saulo de Tarso hizo un largo relato sobre el crucificado y su designio.

—Pero, señor Saulo, lo que me dice de ese hombre es una locura.

—Yo mismo estoy asombrado por lo que me sucedió. Perseguí, acosé, castigué, induje a la blasfemia, capturé y estuve de acuerdo con asesinatos sumarios para quienes andaban en "ese camino".

—¿Qué mal le hicieron esos miserables para herirlos y encarcelarlos?

—Ninguno, pero hirieron mis prejuicios. Lo confieso: estaba decepcionadísimo de mí mismo... —y relató de forma cruda toda su violencia.

—Pero la muerte de un hombre en la cruz es el ápice de la fragilidad, la peor de todas las humillaciones sociales. Yo lidio día y noche con la muerte, y cualquier cosa es mejor que la crucifixión —enfatizó Lucas.

—Estoy de acuerdo... pero la muerte de él era parte del designio de Dios —afirmó Saulo.

—¿Cuándo fue que ese tal Jesús murió? —preguntó Lucas, curioso.

—Hace ocho años.

De esa manera la plática se extendió. Poco a poco el médico griego se fue involucrando con los relatos de Saulo. Diálogos, intercambios y experiencias fueron experimentados posteriormente. Lucas fue afectado de tal forma que no conseguiría ser nunca más el que había sido antes. En unas semanas llegaría el día de decidir: abandonaría su oficio de médico, una carrera verdadera, para seguir a un hombre iluminado y con un sentimiento de culpa brutal. Era un riesgo altísimo para quien tenía mucho que perder, para quien era racional.

Las grandes decisiones son siempre solitarias. Lucas había elegido seguir la segunda opción, la del corazón, la que no le da ganancias al bolsillo pero sí a la emoción. Había optado por el trabajo en el que se da lo mejor que se tiene para hacer felices a los otros. Había preferido recomenzar su historia al lado de Saulo de Tarso, que se convertiría en Pablo. Fue así como Pablo y Lucas se volvieron amigos inseparables por décadas.

Jerusalén, quince años después

Pablo y Lucas tenían tanto éxito que impactaban a las naciones. Pablo actuaba en el escenario del teatro social, Lucas actuaba tras bambalinas. Pablo, culto y elocuente, convencía al público; Lucas, generoso y meticuloso, curaba las heridas. Pablo hablaba para las masas, mientras Lucas se dedicaba a las personas individualmente, conmoviendo a los caminantes que encontraba, fueran oficiales romanos o errantes al margen de la sociedad.

Pablo le daba seguridad a Lucas, que a su vez le daba apoyo médico y emocional a Pablo. Eran encantadores de hombres. No recibían salario, pero eran ricos. No tenían ninguna seguridad sobre sus comidas, pero se alimentaban lo suficiente. La cama no siempre era confortable, pero dormían satisfechos. Las piedras eran sus almohadas y las noches estrelladas, sus sábanas.

—Lárguense de aquí. Están perturbando el orden público —les dijo cierta vez un oficial romano, Lucio Extilo, acompañado de una escolta.

—Si nos calla, moriremos —afirmó Pablo.

Y, sin miedo a la espada que podría perforarle el abdomen y exponerle las entrañas, el valeroso Pablo le habló una vez más del "camino".

No lejos de ellos, el oficial romano montó un campamento. Por la noche se supo que había enfermado. Al enterarse del hecho, Lucas se dispuso a curarlo. El oficial en un principio lo rechazó, pero la fiebre alta, la diarrea y el vómito, lo obligaron a cambiar de idea. Acabó aceptando la ayuda del médico griego. Después de atenderlo, Lucas, como de costumbre, partió en silencio sin cobrarle nada.

Al día siguiente volvió para saber si el paciente se estaba restableciendo.

—¡Pero eso es absurdo, Lucas! —dijo el oficial cuando el médico le habló sobre Jesús—. ¿Cómo es posible creer en un hombre que crucificamos? ¡Me aterra que un médico crea en esas fantasías!

—Todos estamos pasmados, Teófilo Lucio Extilo. ¡Pero aquel que fue a parar a la soledad de una tumba superó lo que los médicos jamás imaginaron!

—Pero, Lucas, morimos todos los días. Estadistas, generales, ricos... Todos luchamos contra la muerte y perdemos.

—Yo lo sé, la muerte subyuga a todos los médicos. Los seres humanos nacen como vencedores y mueren como perdedores. Cuando nacen lloran de alegría; cuando mueren, otros lloran de tristeza por ellos. Pero...

Lucas mantuvo largas pláticas con el oficial romano. La inteligente conversación con Lucio Extilo, sus cuestionamientos finos y sus dudas marcaron al médico griego, a tal punto que soñó con escribir una narrativa histórica ordenada y analítica, con apreciaciones detalladas sobre el asunto.

—Pretendo escribir una síntesis de la historia de Jesús. ¿Qué piensas de eso, Pablo?

—Excelente idea. Puedes incluir hechos que yo no supe, temas que no conocí. ¿Cómo piensas hacerlo, Lucas?

—Ya sabes, soy minucioso. Sólo conseguiré realizar este propósito si logro entrevistar personalmente a los personajes que convivieron con el Maestro.

—Iremos a Jerusalén en la primavera. Ésa será tu gran oportunidad.

Lucas y su misión

Lucas observaba la vieja ciudad, el andar de las personas, las piedras desgastadas de las calles, las grietas de los muros, los tejados envejecidos. Parecía que la historia penetraba en sus pulmones. Entrevistó a María sin prisas, conversó con los discípulos del crucificado, con testigos que presenciaron los hechos. Su intelecto estaba en éxtasis en la medida en que iba haciendo un inventario psicosocial de los hechos que habían marcado a las personas.

Por la noche, regresaba a sus aposentos, en un pequeño hospedaje al este de Jerusalén. Sus bolsillos estaban llenos de fragmentos históricos. Los guardaba como un tesoro invaluable.

—¿Cómo voy a organizar todo este material? Asumir la tarea de esta narrativa es una gran responsabilidad. ¿Seré capaz?

Lucas se sentaba en una silla rústica de patas asimétricas, lo que generaba un bamboleo incómodo. Pero no le importaba.

Eufórico, se inclinaba sobre una mesa hecha del tronco de un olivo con algunos bordes y orificios, fruto del trabajo incansable de las polillas. La luz no era buena, el lugar no tenía ventilación, pero para él era el mejor del mundo para liberar su pensamiento.

Lucas ahora era el médico de las letras, un escritor obsesivo, que organizaba una historia, buscando sintetizar las entrevistas.

—Traté muchas enfermedades, observé temblores y ataques febriles, pero ahora estoy trémulo, casi turbado. Voy a escribir la biografía del hombre que echó por tierra nuestras convicciones... —le manifestó a Pablo.

—Ésta es la obra de tu vida, tu proyecto más importante —afirmó su compañero, dándole su más notable apoyo.

Lucas salía para hacer las entrevistas y regresaba. No imaginaba que su libro sería uno de los mayores *best sellers* de todos los tiempos.

9

Los impactos de la mesa redonda

La primera mesa redonda por fin comenzó. Marco Polo entró empuñando un bastón, debido a la lesión en la pierna derecha. No quería forzarla mucho. Pero estaba absorto, pensando no en el accidente, sino en la lectura y los análisis que había hecho sobre los escritos de Lucas. Saludó a Sofía dándole un beso en la mejilla, ella tenía un moretón en la sien. Extendió la mano al doctor Alberto y al doctor Thomas. Luego saludó a su amigo, el neurocientífico, Michael, quien no tardó en provocar a los teólogos.

—¿Preocupado por el accidente, Marco Polo? Lo siento mucho —preguntó Michael.

—¿Por el accidente? ¡No, por la lectura! —afirmó.

—Por cómo lo dices, seguramente te decepcionaron los textos. Te conozco —afirmó el neurocientífico.

A pesar de tener un inmediato desacuerdo con Michael, el doctor Alberto, el teólogo del Vaticano, trató de animar el ambiente.

—¡Estamos entusiasmados en discutir los textos de Lucas, uno de los santos más notables de la Iglesia!

—¡Un momento! ¡No estoy aquí para estudiar santos y dogmas! —respondió el doctor Michael, levantándose para salir—. Soy un científico. No voy a malgastar mi tiempo en creencias cuestionables.

—Espera, Michael. ¿El debate todavía no ha comenzado y ya estás desistiendo? —cuestionó Marco Polo.

—Pero su silencio lo dice todo.

—¿Ahora lees el pensamiento, Michael? —preguntó Sofía, la moderadora. Michael se sentó, pero no estaba convencido.

—Antes de comenzar a estudiar la mente de Jesús, necesitamos estudiar la mente de su biógrafo. Pero tranquilízate, Michael. No vamos a estudiar al Lucas beatificado, sino al hombre real, concreto, que habla a través de sus escritos —reiteró el doctor Marco Polo.

—Discúlpenme, estamos tan acostumbrados a hablar de forma religiosa que es difícil cambiar nuestra manera —dijo el doctor Alberto, apenado, agregando enseguida—: Pero no sabemos casi nada sobre Lucas, sobre su origen, dónde nació, quiénes fueron sus padres, cómo fue su educación, cómo se convirtió al cristianismo, cuándo murió...

—Es extraño. Estudié tanto los primeros textos de Lucas que dormí y soñé con él. Claro que eso no tiene validez científica. Pero el silencio puede revelar más que las palabras —afirmó Marco Polo.

—Marco Polo tiene razón. Aun cuando los hallazgos sean limitados, necesitamos discutir al escritor detrás del libro, aunque nos sumerjamos más en el mar de dudas que en el de las respuestas.

Marco Polo sonrió levemente y enseguida preguntó a los participantes:

—¿A ustedes no les parece extraño que un médico griego, seguidor de Hipócrates, haya decidido simpatizar con un crucificado? ¿No les sorprende que un ser humano abandone la medicina, su seguridad y su ciudad para deambular por el mundo?

—De hecho son comportamientos extraños, absurdos a los ojos humanos, incluso todavía más en la época del origen del cristianismo —admitió el doctor Alberto.

Marco Polo continuó en su aguda capacidad de preguntar:

—¿Qué piensan de Lucas, un hombre lógico y generoso, que aceptó como mentor a un hombre que demostró irracionalidad exhibiendo claros rasgos de sociopatía?

—¿Cómo dice? ¿Se está refiriendo al apóstol san Pablo? —preguntó el doctor Thomas, nervioso.

—El mismo —respondió Marco Polo, aguardando la reacción de los dos teólogos, que fue inmediata.

El doctor Thomas y el doctor Alberto se levantaron para cerrar el debate, mientras el primero decía:

—Esta mesa redonda está destinada al fracaso. No participaré. Las interpretaciones radicales son repugnantes.

—Estoy de acuerdo —dijo el teólogo del Vaticano—. Ser ateo, doctor Marco Polo, incluso uno de los más notables, es algo respetable; hacer preconcepciones tan severas cómo ésa, es inadmisible.

—¡Felicidades, Marco Polo, vencimos! —celebró Michael.

—Michael, esto no es un ring —ponderó Marco Polo.

—Si lo fuera, mis amigos, declararíamos nocaut en el primer round.

Viendo que los dos teólogos se irían, la doctora Sofía trató de calmar el clima tenso:

—Tranquilícense, señores. Esperen a que el doctor Marco Polo explique su tesis. ¡Apenas nos acabamos de sentar a esta mesa y ya nos hemos dividido!

Sin que los participantes lo supieran, algunas personas —cuya identidad era desconocida— habían instalado cámaras ocultas para filmar el debate.

La idea era poner a disposición el contenido en vivo, por internet. No sabían que, en poco tiempo, habría una multitud viéndolos: "Intelectuales ateos debaten con intelectuales religiosos la inteligencia de Jesús".

El contenido era tan emocionante que, en menos de una semana, los videos se volvieron virales y comenzaron a transmitirse en varios idiomas, pues a pesar de que el debate era en inglés, había un programa de traducción simultánea para los espectadores.

Paralelamente a eso, y con el consentimiento de los participantes, los debates también tendrían público presencial. Algunos alumnos y profesores, al pasar por la puerta entreabierta, quedaban cautivados por las discusiones. Sedientos de conocimiento, entraban silenciosamente, se sentaban y permanecían impresionados. Al principio, ninguno de los oradores percibió su presencia. Pero cuando dejaban la sala, los que asistían a los debates compartían sus impresiones y divulgaban el evento.

En aquel primer día, Marco Polo permaneció en silencio ante el clima tenso. Esperó a que los ánimos se calmaran. Los teólogos se sentaron nuevamente, dándole una oportunidad para explicarse.

El psiquiatra, en vez de pedir disculpas, disparó otras preguntas:

—¿Qué piensa usted de un hombre que castiga a personas inocentes? ¿Que las persigue implacablemente y las encarcela, que las presiona para ir en contra de su propia conciencia y sus creencias? ¿Y qué piensan sobre ese hombre que permitió el asesinato de esas personas sin un juicio justo? Peor todavía, amigos míos, sin que nada justifique tan severa sentencia. ¿Cómo le llamarían a ese comportamiento registrado por Lucas en su Libro de los Hechos, señores?

—Bien... —comenzó el doctor Thomas.

El doctor Michael interrumpió al teólogo de Harvard:

—¿Qué dice? ¿Pablo, el mentor de Lucas, el biógrafo que estamos estudiando, tenía esos antecedentes? Lucas fue un loco al seguir a un hombre así de violento.

—Pero eso fue antes de inclinarse hacia el cristianismo —afirmó el teólogo del Vaticano.

—Pero, independientemente de eso, él tenía rasgos de sociopatía, lo que es diferente a ser un psicópata —afirmó Marco Polo.

—¿Cómo? —cuestionó el doctor Thomas, quien, como muchos no conocía la diferencia.

—Los psicópatas matan, hieren y no sienten el dolor de los otros, aunque buena parte del tiempo pueden comportarse bien socialmente. Los sociópatas, por su lado, tienen trastornos sociales, son violentos, autoritarios, controladores, desobedecen las reglas, pero eso no quiere decir que sean fríos o que no tengan sentimientos. Pablo tenía rasgos de sociopatía, pero no era un psicópata.

—Uf, acabo de sentir un gran alivio —comentó el doctor Thomas, satisfecho.

—Pablo era violento no porque defendiera su propia religión, el judaísmo, sino porque tenía trastornos de personalidad, era esclavo del poder —y explicó lo que es el gasto de energía emocional inútil—. Él no tenía protección emocional. Su índice GEEI era altísimo. Cualquier contrariedad lo invadía.

—¿Pero por qué cambió? —indagó Michael.

—He ahí la cuestión. Es posible que haya ocurrido algo en su mente, algo mucho más fuerte que una revelación psicoterapéutica o una consciencia crítica generada por el autoconocimiento.

—No entiendo —comentó Sofía.

—Tampoco yo estoy comprendiendo —dijo el doctor Michael.

—Como psiquiatra, traté muchos casos complejos; fueron miles de consultas y pacientes. Pero lo que ocurrió en la personalidad de Pablo me parece muy difícil de explicar. Es como si su mente hubiera pasado por una transformación benévola, capaz de detonar su egocentrismo —dijo Marco Polo, respirando lentamente.

—No me vas a decir que, de la noche a la mañana, Pablo dejó de ser un lobo y se transformó en un cordero —dijo Michael, incrédulo—. Según la psiquiatría, eso no es posible, Marco Polo.

—Todavía lo estoy evaluando, Michael. Parece que Pablo continuó teniendo un carácter fuerte, sólo que dejó de usar su energía para destruir, y empezó a construir; reorientó su energía mental.

—Tiene razón, Marco Polo —dijo el doctor Alberto, tomando la palabra—: Pablo acosaba a los seguidores de Jesús de forma violentísima, pero algo le pasó en el camino a Damasco que lo transformó en un hombre sin vanidades ni atavíos. Fue iluminado.

—Una vez más, reitero que no estudiaremos hechos sobrehumanos. Lo que nos interesa son los fenómenos psicológicos y sociales. Confieso que me sorprendí al analizar ese pasaje. El vendaval emocional que Pablo atravesó fue gigantesco. Ese fenómeno parece haber sido tan serio que él decidió confesar públicamente sus locuras.

—No consigo seguir su argumento —confesó Michael.

—¿Michael, tú tendrías valor de hablar de todos tus errores, de tu estupidez, de tus reacciones agresivas y de tus comportamientos débiles ante un periodista y permitir que él asentara todo eso en el periódico de la universidad? —preguntó Marco Polo, pasándole un recado a su amigo.

—¡Claro que no!

—Pues Pablo hizo mucho más que eso. Él examinó sus comportamientos insanos y permitió que Lucas los publicara. Sus locuras arrastraron a generaciones. Y tal vez al abrirse con un compañero, ¡Pablo tuvo un hombro para llorar y otro para apoyarse! Todos nosotros necesitamos un hombro.

—¡Qué sorprendente, Marco Polo! Nunca había visto a Pablo bajo esa perspectiva —comentó el teólogo de Harvard.

Todos estaban impresionados con la descripción. Sofía discurrió con inteligencia:

—Los hombres proclaman sus hechos y esconden sus defectos. Ocultan su idiotez bajo el maquillaje político, financiero y social. Nunca vi a un político, empresario o pensador relatar sus comportamientos vergonzosos de forma espontánea y pública.

De repente, tres espectadores comenzaron a conversar unos con otros, diciendo que ellos también eran especialistas en esconder sus desgracias. Sólo entonces fueron notados.

Michael intervino:

—Disculpen, pero este debate es privado.

A lo que James, un alumno, discrepó:

—Disculpe usted, ¿pero a quién pertenece el conocimiento? ¿A un grupo de notables o a la humanidad?

Frente a eso, Michael se calló y aceptó la presencia de los espectadores. Y volteando hacia los teólogos los interrogó:

—Los católicos y los protestantes aman al apóstol Pablo, el intocable, ¿pero son transparentes como él lo fue? ¿Son capaces de exponer sus catástrofes emocionales?

—Bueno, sinceramente... no —dijo el doctor Alberto con honestidad.

—Si hubiera un clima abierto y acogedor en los medios religiosos, las depresiones serían tratadas, los suicidios serían prevenidos, los conflictos interpersonales serían resueltos, la pedofilia sería evitada. ¡Existiría una gestión, no una explosión de las emociones! —afirmó Marco Polo.

—Ese tamiz religioso es de verdad detestable. ¡Pablo lo abolió al máximo! —admitió el teólogo del Vaticano.

En ese momento, Marco Polo se preparó para citar ejemplos gravísimos de lo que sucede en dos de las principales religiones del mundo, el catolicismo y el protestantismo.

—Me acuerdo de un obispo católico y profesor de teología que tenía ataques de pánico. Era un ser humano inteligente, flexible, amable, pero cada vez que oficiaba sus homilías tenía la sensación súbita de que iba a morir. Parecía que el corazón se le iba a salir, sus pulmones parecían a punto de explotar. Una experiencia horrible. ¿Sabe a cuántas personas ese noble educador tuvo el valor de contarles sobre su drama, doctor Alberto?

—No tengo idea.

—A ninguna. Sólo cuando su trastorno emocional se volvió gravísimo, dejando varias secuelas sociales, él me buscó y se trató.

Para ese momento, no eran pocos los religiosos que presenciaban aquel solemne debate por internet y lloraban. Algunos de alegría, porque alguien los entendía; otros de tristeza, porque se sentían dramáticamente solos.

—¿Y usted, Thomas, cree que los protestantes son emocionalmente más transparentes, abiertos y accesibles que los católicos?

—Creo que estamos en deuda con el ejemplo de Pablo y Lucas.

—De hecho. La cultura de los protestantes, a pesar de las excepciones, trata de producir superhéroes. No se admiten trastornos psíquicos, tenerlos es señal de fragilidad, una invitación al sentimiento de culpa. Sin embargo, deberían ser admitidos, acogidos, cuidados. No es ésa la cultura de Pablo. ¿Cuántos están fatigados, sufriendo por adelantado, pensando constantemente en pérdidas y tristezas, angustiados, con el Planeta Emoción agotado?

—No sé...

—Ni yo, pues falta investigación. Me acuerdo que atendí a un líder protestante bautista culto, generoso, notable entre sus semejantes. Él estaba deprimido, ansioso, sin gusto por la vida. Pensaba en acabar con todo. ¿Sabe a quiénes les habló sobre su problema, doctor Thomas?

—Imagino que a nadie.

—Ni siquiera a su esposa. Ese buen hombre, en un ataque de desesperación, subió a su auto y condujo hacia un camino con la idea de quitarse la vida. Quería tirarse de un peñasco. Fue entonces que recibió una llamada telefónica de su esposa: "¿Dónde estás? ¿Qué estás haciendo?" Él estalló en llanto. Después de ese episodio, me buscó para tratarse. Pero muchos se callan... el silencio nutre a los demonios emocionales.

Después, el psiquiatra comentó que el ejemplo de Pablo era extremo, que nadie debería declarar sus tragedias públicamente, pero que jamás deberían dejar de buscar a alguien: un Lucas, un médico, un amigo, un terapeuta, para abrirse.

—Juzgar menos y abrazar más es una de las herramientas de gestión de las emociones. Creo que fue eso lo que Lucas quiso decir en sus textos. Pero, ¿quién escuchó su voz? Vemos letras muertas, no un ejemplo vivo —puntualizó Sofía.

—Los generales que están al frente de la batalla y no valoran a sus soldados no son dignos de ganar una guerra —concluyó inteligentemente el teólogo del Vaticano.

—Las religiones pueden ser una fuente de enfermedades mentales si las utilizamos para ocultar nuestros fantasmas emocionales y nuestra mala salud psíquica —agregó el teólogo estadunidense, en su turno.

—Los profesores se esconden tras el gis, los intelectuales tras sus títulos, los espectadores tras la película, los líderes tras el poder —dijo Sofía respirando profundamente.

—¿Tú eres transparente, Sofía? —preguntó Michael.

Los ojos de Sofía se llenaron de lágrimas.

—Mi exmarido tenía un grave trastorno de personalidad.

—No tienes que darnos detalles —dijo Marco Polo.

—Pero quiero hacerlo. Mi caso se volvió público —en ese momento, la inteligente y delicada Sofía rememoró su pasado. Recordó los días tristes en que su marido la humillaba. "Yo soy modelo, muchas mujeres caen a mis pies", le decía él. "¿Entonces por qué no te vas?", contestaba Sofía. "Porque tengo pena de ti", atacaba él. "No quiero que te quedes conmigo por compasión." "Tonta, tú no eres nadie. Tus padres murieron. Tus hermanos declararon en quiebra sus negocios." "Pero tengo dignidad. ¡Soy yo la que se va!" Él la empujaba a la cama, le gritaba y la amenazaba: "¿Te vas? Si me dejas, te mato. ¡Tú estás más enferma que tus pacientes! ¡Dependes de mí más que quienes consumen drogas!", al recordar esta breve escena de terror, Sofía tuvo la osadía de comentar—: Él me presionaba de muchas formas. Aquello me violentaba por dentro, yo tenía miedo de perderlo. Y él tenía razón, yo era dependiente de él. Y cuando me atreví a darle fin a la relación, surgió el *stalker*, salió a relucir el monstruo.

—¿*Stalker*? ¿Qué es eso? —preguntó el doctor Alberto.

—*Stalker* quiere decir perseguidor. Es el término que se usa cuando un verdugo persigue a su víctima. Él se convierte en predador y ella en caza. Sólo en los Estados Unidos, quinientas mil mujeres son víctimas de este tipo de agresores. Mi exmarido empezó a perseguirme en el trabajo, en las calles, por teléfono, por las redes sociales. Me presionaba, me chantajeaba, me amenazaba. Fui víctima de ese hombre por cinco años —dijo entre lágrimas.

—Si tú, que eres una psiquiatra lúcida, soportaste ese ultraje, ¿cuántas mujeres lo callan? —comentó Marco Polo.

—Muchas. Tengo ganas de dar conferencias para ayudarlas.

Todos en la mesa redonda aplaudieron su valor. Sin que ella supiera, todo lo que dijo fue transmitido vía internet, impactando a miles de mujeres. Su privacidad fue violada, pero miles de mujeres decidieron denunciar a sus predadores.

—¿Y usted, Michael? ¿Qué demonios lo intimidan? —indagó el doctor Alberto.

—No estoy preparado.

—¿Y usted, doctor Thomas?

—Tampoco estoy preparado.

—Ídem —declaró el doctor Alberto.

—Quién no identifica a sus fantasmas mentales será perturbado por ellos hasta el último suspiro existencial —remató Marco Polo—. ¡El tiempo se nos ha ido, pero un día les contaré sobre mis fantasmas!

Cuando esa frase llegó al internet, inmediatamente se hizo viral. Millones de personas compartieron el video. Después de ese debate, los miembros de la mesa recibieron noticias de que algunos de sus amigos, alumnos y colegas de trabajo los habían seguido en tiempo real. Antes del debate siguiente, los participantes se reunieron y consideraron prohibir su divulgación.

—Nuestra privacidad está en juego. Todo lo que Sofía contó está en todas partes. No sabemos cuántas personas en cuántos países están presenciando el debate. Recibí noticias hasta de Singapur —comentó Michael.

—Creo que tenemos que prohibir la transmisión del debate por internet —dijo el doctor Alberto con convicción.

Pero Sofía dijo con sensatez:

—Claro, nadie debe exponer cosas íntimas y comprometedoras en internet. Pero si conseguimos vernos un poco en el espejo del apóstol san Pablo, que tuvo el valor de hablar de sus errores, seríamos menos hipócritas de lo que acostumbramos en nuestras universidades, instituciones y hasta en nuestras religiones. Muchas personas podrán recibir ayuda. Recibí varios mensajes de personas agradeciéndome por contar mi historia.

—Me parece beneficioso el uso del internet con criterio. Voto a favor de que continuemos siendo filmados —dijo Marco Polo.

Todos los demás estuvieron de acuerdo. El debate tuvo un alcance internacional. La más notable mesa redonda que se instaló para estudiar la mente de Jesús también estaba exponiendo la personalidad de los estudiosos y de los internautas de todas las culturas. Participar en esa mesa, aunque fuera como espectador, fue una invitación para abrir las heridas emocionales, un peligro para quien amaba esconderse de sí mismo.

10

Lucas, un biógrafo lógico y minucioso

El debate proseguía. Después de discurrir rápidamente sobre el carácter del misterioso médico griego y de su mentor, Pablo, llegó el momento en que Marco Polo revelara los detalles de sus primeros análisis sobre los textos de Lucas. Su semblante cambió.

—Comentamos circunstancias del biógrafo. Ahora comenzaremos a hablar a profundidad de la introducción o prefacio de su libro. El prefacio, cuando es agudo, revela un mapa de lo que se va a encontrar a lo largo de una obra.

—¿Pero qué parte del texto del evangelio de Lucas consideras el prefacio? —preguntó el doctor Thomas.

—Los primeros cuatro versículos.

—¿Y qué análisis hiciste? —se apresuró Sofía a cuestionar.

—Estoy confundido hasta ahora —dijo Marco Polo, haciendo un largo y enigmático silencio.

Michael, que conocía bien a su amigo, se adelantó y le dijo:

—Por lo que veo, desaprobaste a Lucas como escritor. ¿Tan mal escribe? ¿Es superficial? Cuidado que la bomba va a explotar.

—Lucas escribe como un loco —comentó Marco Polo.

—Lo sabía —dijo Michael.

No obstante, Sofía intervino, desanimada:

—Explica mejor tu observación. Una afirmación prejuiciosa no es una respuesta, sino una opinión arbitraria.

Los dos teólogos quedaron abatidos. Cayeron del cielo al abismo. Querían explicaciones inteligentes.

—Observando estos versículos, no veo razones para esa locura. Tacharlo de insano, sin argumentos plausibles, es una locura mayor todavía —dijo el doctor Alberto en sintonía con Sofía.

—Ustedes me interpretaron erróneamente. Nunca dije que Lucas "sea un loco", sino que "escribe como un loco".

—¿De qué hablas? —cuestionó Michael, contrariado.

—Lucas comenta: "Algunas personas han hecho empeño por ordenar una narración de los acontecimientos que han ocurrido entre nosotros, tal como nos han sido transmitidos por aquellos que fueron los primeros testigos y que después se hicieron servidores de la Palabra". Y dice: "haber investigado cuidadosamente todo desde el principio". Enseguida, él dirige su libro a una persona específica: "me ha parecido bueno escribir un relato ordenado para ti, ilustre Teófilo. De este modo podrás verificar..."

Marco Polo sabía que el proceso de formación de pensadores era forjado por el arte de la pregunta. Cuestionar, dialogar, abría el abanico de la mente a las grandes respuestas. Él provocaba a los miembros de la mesa redonda a cada minuto.

—¿Qué es lo que ustedes ven en estos primeros textos? ¿Cuál es la intención subliminal?

—Veo a un escritor preocupado por los hechos históricos. No a un biógrafo de escritorio, sino a un investigador, como si estuviera defendiendo una tesis —comentó el teólogo del Vaticano.

—Sí. Él detecta hechos como un médico cuando diagnostica una enfermedad. Lucas, al decir que investigó, entrevistó y organizó los datos, demuestra que valora más lo natural que lo sobrenatural, el raciocinio más que una narrativa supersticiosa.

—Interesante —señaló Sofía—. ¡Era un escritor refinado!

—Pero, si escribe de forma apasionada, ¿no habría un vínculo emocional que dificultaría tomar una distancia necesaria para realizar una exploración adecuada? —indagó Michael, el neurocientífico.

—Sí, Michael. Él se involucra emocionalmente, pero tiene una lucidez sorprendente. Me gustaría decir que los textos iniciales son insignificantes, pero tengo que confesar que estoy sorprendido.

—¿Por qué, Marco Polo? —cuestionó el amigo.

—Veamos. Él hace una averiguación sorprendente de las generaciones previas a la familia de Jesús: "Jesús, hijo de José, que era hijo de Helí, que era hijo de Matat...". Independientemente de la extensión de esos datos, señalarlos es muy relevante. Él hace entrevistas extensas a personas que vivieron con Jesús. No voy a entrar en detalles ahora, pero incluso fue el biógrafo que más se aproximó a María, y ella le reveló hechos íntimos sobre su hijo. ¡Tengo que reconocer que, como escritor, Lucas llevó la racionalidad a las alturas!

Los dos teólogos y Sofía se sintieron cautivados por la honestidad de Marco Polo. Él prosiguió:

—El pensamiento deductivo es el pensamiento más lógico del intelecto, pero pocos lo desarrollan por completo. Vamos a ejercitarlo. Lucas escribió: "Algunas personas han hecho empeño por ordenar una narración de los acontecimientos que han ocurrido entre nosotros" ¿Qué deducen de ese fragmento?

—Que Lucas emprendió una narrativa inteligente, basada en investigación —afirmó el doctor Thomas.

—Ésa es la deducción obvia, pero libere su mente y profundice en su deducción, doctor Thomas —instigó Marco Polo.

Pero nada más le vino a la mente a él ni a los otros.

—Lucas escribió alrededor del año cincuenta y cinco después de Cristo, antes de la biografía o evangelio de Juan ¿correcto?

—Sí —dijeron los dos teólogos.

—Por lo tanto, es probable que antes de él ya hubieran sido escritos los libros de Mateo y Marcos, pero ¿por qué Lucas dice "algunas personas"?

—Espera. Él debería haber escrito máximo "dos", pero la expresión "algunos" tiene un gran significado. Indica que, además de los conocidos, probablemente existían otros biógrafos de Jesús, cuyos escritos se perdieron —afirmó el doctor Alberto.

—Ésa es una deducción más profunda —afirmó Marco Polo.

—O no fueron validados por los cristianos —secundó el doctor Thomas.

—Tiene lógica —comentó Sofía.

—Pero el pensamiento deductivo que se adentra con mayor profundidad a los hechos es que el "fenómeno Jesús" era contagioso. Trastornó tanto a la mente y al imaginario de los personajes de la época que provocó un derrumbe de sueños, expectativas y afectos, motivando a las personas a hablar y a escribir sobre él.

—¿Tal vez un delirio colectivo? —indagó Michael.

—Un delirio colectivo sólo ocurre en momentos de tensión

política y social, como, por ejemplo, cuando un dictador está en el poder o un gran acontecimiento social está en curso. En ese caso, el Yo se vuelve rehén del imaginario irracional.

—Y el libro de Lucas fue escrito más de dos décadas después de que Jesús fue crucificado.

—Exacto, doctor Thomas.

—Además de eso, si hubiera delirio religioso, Lucas no hablaría sobre "ordenar una narración" y su mentor, Pablo, no reconocería sus propias locuras —discurrió Marco Polo.

—Reconozco que había consciencia crítica —afirmó Michael, refinando su pensamiento deductivo—. Al contrario de la Alemania nazi, donde los líderes eran "incuestionables". Ellos consideraban a los judíos enemigos simplemente por ser diferentes.

—Correcto. Y Lucas, a pesar de su pasión por el biografiado, empleó los preceptos de un excelente análisis: atención a los detalles, capacidad de observación, entrevistas, organización de datos... —concluyó el doctor Alberto.

En ese momento, Sofía resolvió desafiar a Marco Polo y, mirándolo, dijo:

—En una época en que el analfabetismo predominaba entre las masas, el hecho de que varios estuvieran motivados a registrar el comportamiento de Jesús refuerza la tesis de un personaje real, no ficticio —ponderó, mirando fijamente a Marco Polo.

El psiquiatra sonrió. Sofía estaba avivando la hoguera que él había encendido.

—Para mí, Jesús era un personaje concebido por un grupo de galileos para liberarlos de la tiranía del emperador romano, Tiberio César. Sin embargo, independientemente de los hallazgos arqueológicos, la crítica filosófica y literaria señalan que Jesús no pudo haber sido una figura ficticia, una obra de la imaginación. Él fue agente de un "terremoto emocional" real, aunque aún no hayamos juzgado su inteligencia —reconoció Marco Polo, inquieto.

—Sorprendente —dijo el doctor Alberto—. Siempre hablamos de la inspiración divina de ese libro, pero olvidamos que Lucas también usó su notable inteligencia.

—El ser humano no cautiva, inspira o impacta a sus alumnos, colegas de trabajo o familiares. Contrario a Jesús, nosotros somos demasiado toscos —afirmó Marco Polo, decepcionado consigo mismo, acordándose de su hijo—. Incluso, lo que más golpeó mis anteriores prejuicios no fue el argumento empleado por Lucas, sino su motivación para escribir el libro.

—No entiendo a dónde quiere llegar. ¡Lucas escribió para la humanidad! —puntualizó el doctor Alberto.

—No. Su libro fue usado por la humanidad, pero él no lo escribió con ese propósito.

—¿Entonces, para los judíos? —indagó el doctor Alberto.

—No.

—¿Para los griegos? —preguntó Michael.

—Tampoco —afirmó Marco Polo—. Vean nuevamente el prefacio y traten de encontrar un detalle que ha pasado desapercibido por innumerables estudiosos.

—Increíble. ¿Qué locura es ésa? ¡Es verdad! ¡Lucas escribió para un solo hombre! —clamó el doctor Thomas—. Él escribe: "Me ha parecido bueno escribir un relato ordenado para ti, ilustre Teófilo. De este modo podrás verificar...".

—Exactamente. La introducción de Lucas me derribó al piso, arrasando una vez más con mis prejuicios —comentó el psiquiatra, que luego se quedó callado.

—No entiendo qué lo golpeó tanto —indagó Michael.

—Reflexione conmigo, ¿usted invertiría meses escribiendo un libro a mano para una sola persona?

—¡Sería un desperdicio de tiempo! —reconoció Michael.

—Somos cartesianos, lógicos, diminutos. Contabilizamos el tiempo, no lo desperdiciamos ni con quienes amamos. No nos preguntamos qué pesadillas los atemorizan ni qué lágrimas protagonizaron el teatro de su rostro —reaccionó Marco Polo.

Michael enmudeció. Tenía una hija con síndrome de Down, pero él no era un investigador que explorara los tesoros en las profundidades de la emoción de ella. En aquel momento, una imagen atravesó su mente. Su hija decía: "Papi, papi, ven a jugar conmigo", "Ahora no puedo, hija", le respondía él y salía de la escena. Tenía tiempo para la ciencia pero no para quien decía amar.

La sala del debate ya tenía más espectadores. Los que estaban presentes, así como los miles de personas que los veían en vivo por internet, estaban conmovidos por la superficialidad de las relaciones interpersonales que vivían.

Una joven de quince años, de origen japonés, al ver el debate, le dijo a su padre:

—Tú nunca tienes tiempo para mí. Te la pasas en el teléfono todo el día, pero no te conectas conmigo.

Un joven de Shanghái, de veinte años, comentó:

—Papá, tú sabes que soy el mejor alumno de la clase. Conoces mis calificaciones, pero nunca me preguntaste nada sobre mis sentimientos ni siquiera sobre mis tristezas. Estoy deprimido, al borde del suicidio.

Un médico francés pidió disculpas a su esposa por ser un psiquiatra dentro de casa. Delicadamente preguntó:

—¿Qué puedo hacer para que seas más feliz? ¿En qué me equivoqué y no me di cuenta?

Muchas personas eran transformadas en la medida que presenciaban los debates.

Sofía añadió al argumento de Marco Polo:

—No tenemos tiempo ni para nosotros mismos. Traicionamos nuestra vida, somos máquinas de trabajar y de realizar tareas. ¡El libro de Lucas rescata lo que el dinero jamás podrá conquistar!

Marco Polo le aplaudió y agregó:

—¿Por qué Lucas habría escrito el libro para un oficial romano, en una época en que el tiempo era escaso y que el promedio de vida no rebasaba los cuarenta años? Es casi... incomprensible.

—Ese proceder, escribir un libro para una sola persona es un ataque psicótico —afirmó Michael.

—O un ataque de amor —ponderó el doctor Thomas—. Se deduce que el libro de Lucas, por dirigirse a un solo hombre, no era proselitismo político o propaganda religiosa cualquiera, sino un solemne acto de amor.

—Sin amor no hay inclusión social posible. Europa, escenario de la Primera y de la Segunda Guerra Mundial, necesita redescubrir a un Jesús no religioso, un amor que trascienda las barreras culturales, que abrace más y juzgue menos, que pase tiempo con quienes viven al margen de la sociedad —concluyó el teólogo del Vaticano, pensando en la inclusión de inmigrantes, en los ataques terroristas y en los conflictos económicos.

Todos guardaron silencio en homenaje a las víctimas inocentes de los últimos ataques terroristas. Después de eso, Marco Polo finalizó el debate de aquel día:

—No sé si vamos a decepcionarnos de la inteligencia de Jesús, si pasará las pruebas de estrés y de gestión de las emociones; pero es innegable que, por donde anduvo causó un vendaval emocional que rompió el egocentrismo.

Fue así como terminó la primera mesa redonda de Marco Polo y sus amigos. Los demás debates ocurrieron en el mismo tenor. La mente de los ponentes y de quienes los escucharon empezó a vivir una revolución emocional. Comenzaron a surgir sorpresas increíbles.

11

María, una educadora muy audaz

Respetuosos y entusiasmados, sin miedo ni obstáculos, los cinco miembros discutían el comportamiento de Jesús y de todos los personajes que lo rodeaban, como Lucas, Pablo y María, bajo la perspectiva de las ciencias humanas. Sin más tardanza, Marco Polo retomó los debates:

—Sé que están entusiasmados por comenzar a estudiar la personalidad de Jesús, ¡pero todavía no es el momento!

—¿Por qué? —replicó Michael.

—Estudiamos, aunque mínimamente, algunas características de la mente de Lucas, el biógrafo de Jesús. Ahora necesitamos estudiar algunas características relevantes de su educadora: María.

El doctor Alberto sonrió ligeramente y dijo:

—Después de la Santísima Trinidad, María es el personaje más querido para la Iglesia católica romana.

—¿Pero la conocen realmente? —provocó Marco Polo.

—Claro que sí —dijo impulsivamente. Pero después se corrigió—: Por lo menos pienso que sí.

—Sin embargo, es muy probable que la mujer más famosa de la historia sea muy poco conocida por quienes la admiran, en lo que se refiere a los recovecos de su mente.

Sofía comenzó a reflexionar sobre las palabras de su mentor y se dio cuenta que estaba a punto de detonar otra bomba. Sin demora, la moderadora de la mesa redonda le preguntó:

—¿Podrías explicarlo mejor?

—¿Cuáles son las características más relevantes de la personalidad de María?

—Ella fue dócil, dulce, abnegada, dadivosa —afirmó, sin margen de dudas, el teólogo del Vaticano.

Marco Polo lo confrontó:

—Ésa no es la María que señala Lucas. Ella pudo estar dotada de docilidad y de generosidad, pero las características más relevantes descritas por el médico griego son: 1) un valor extremo, 2) una sofisticada capacidad de reflexión, 3) una sorprendente habilidad de pensar de manera sintética y 4) una autoestima extraordinaria.

El doctor Alberto comentó:

—Soy teólogo y también me formé en psicología. Di innumerables conferencias sobre María, pero esas características no estaban en mi radar. Valor y autoestima extraordinaria... ¿no se estará equivocando, doctor Marco Polo? —preguntó el doctor Alberto.

—Esos rasgos de la personalidad de María también son nuevos para mí. Siempre vi a María triste, sufriendo, tal como fue representada en *La piedad*, la famosa escultura de Miguel Ángel que está en la catedral de San Pedro —expresó Sofía, quien también admiraba a la madre de Jesús—. ¿Y en qué se basa para afirmar esas cuatro características?

—Piense un poco, Sofía. ¿Quién creería que el bebé era un designio divino? ¿Quién creería que una joven, una adolescente de quince o dieciséis años, era portadora de la misión más notable? ¿Cómo convencer a los hombres cultos, a los escribas y fariseos, que determinaban lo que era adecuado en términos espirituales o de herejía? Aceptó la concepción, sin titubear, en una tierra en que el adulterio era condenado con la muerte. ¿Cómo podía explicarles su embarazo a sus padres, a su futuro marido y a sus amigos?

—Era necesaria cierta determinación —reconoció el doctor Thomas.

—Más que eso: una audacia sin precedentes.

—Para nosotros, que concebimos los hechos bajo un ángulo espiritual, nos parece que todo ocurrió de forma perfecta, armoniosa, pero olvidamos ponernos en el lugar de los otros y experimentar sus angustias —afirmó el teólogo del Vaticano.

—Sin duda —comentó Marco Polo, experto en análisis crítico—. Interpretar el comportamiento de alguien ya es muy serio, todavía más cuando éste se describe en letras lejanas y frías. Tenemos que dudar de nuestras suposiciones, pensar en otras posibilidades. Vivimos en un mundo violento porque las personas piensan sin calidad. Pónganse en el lugar de María y traten de sentir sus emociones.

Al hacer ese ejercicio, el doctor Thomas comentó:

—Imaginen las noches de insomnio, el riesgo de ser condenada socialmente, las burlas, las críticas de los que la considerarían loca...

—En una época María fue exaltada como la "mujer entre las mujeres", en su tiempo tuvo que soportar la condición de ser la más perseguida —afirmó Sofía.

Marco Polo se alegró al ver que sus amigos estaban alejándose de la superficie del debate y entrando en las capas más profundas del razonamiento deductivo, inductivo y reflexivo. Sofía añadió, con una emoción distinta:

—El único hijo que tuve nació de siete meses, prematuro, después de una fuerte discusión con mi exmarido. Desgraciadamente el pequeño tuvo problemas cardiorrespiratorios —los ojos de Sofía se llenaron de lágrimas al relatar su conmovedora historia. Ella recordó la escena—: "¿Dónde está mi hijo?", preguntaba. "Tranquilícese, Sofía. Está en terapia intensiva infantil", me decía la enfermera. Pero mi instinto materno fue más fuerte —les contó a los miembros de la mesa—. Nadie iba a impedírmelo. Salí arrastrando el suero y fui hasta terapia intensiva. Desesperada, llegué a la puerta. Trataron de impedirme la entrada, pero yo gritaba: "¡Quiero ver a mi hijo!". El médico me miró a los ojos y me clavó un puñal en el corazón con la sentencia final: "Lo siento mucho, su hijo acaba de fallecer." Entré y comencé a acariciar a mi pequeño bebé. Quería verlo jugando, creciendo, besándome, pero sus labios y sus ojos, estaban cerrados para siempre.

Todos los miembros de la mesa redonda colocaron las manos sobre las de ella.

—Lo sentimos mucho —dijeron.

—Tú eres fuerte y encantadora, Sofía —concluyó Marco Polo.

No pocos espectadores entre el público y entre quienes los veían vía internet lloraron. Fue entonces cuando Sofía añadió:

—Si yo hubiera estado en el lugar de María, si tuviera que huir desesperadamente para que mi hijo no muriera, tal vez enloquecería o me consideraría la más desorientada de las mujeres, no la más privilegiada —afirmó, aún alterada.

Después de una breve pausa, el teólogo de Harvard preguntó a Marco Polo:

—Entiendo que María poseía un valor extremo, ¿pero qué elementos lo hacen considerar que María era reflexiva?

—En primer lugar, Lucas comenta que un extraño invadió sus aposentos, un "ser extraterrenal" llamado Gabriel. En vez de sucumbir al miedo, a María le intrigó la visita y analizó el motivo de su visita. En segundo lugar, cuando el extraño le expone el designio divino, ella nuevamente reflexiona y quiere saber cómo se van a materializar dichos eventos.

—De hecho, esa deducción es sorprendente. ¿Quién debatiría con una aparición? María discutió con un ser extraño y le preguntó: "¿Cómo va a ocurrir eso si no he tenido relación con hombre alguno?" —explicó el doctor Alberto con perspicacia—. Ella era una joven reflexiva, no impulsiva.

—Lucas dijo en el prefacio de la biografía de Jesús que relataría los hechos "tal como nos han sido transmitidos por aquellos que fueron los primeros testigos". Es muy probable que estos pensamientos íntimos de María hayan sido relatados por ella misma —concluyó el doctor Thomas.

—Existe una gran posibilidad de que eso sea verdad —afirmó Sofía.

Michael tenía una pregunta atorada en la garganta mientras Marco Polo hacía su exposición.

—¡Esperen un poco! ¿Ustedes creen que María concibió milagrosamente? ¡En pleno siglo XXI es un absurdo creer en ese fenómeno!

Marco Polo se le adelantó:

—Para la medicina, Jesús debería tener veintitrés cromosomas de un espermatozoide y veintitrés cromosomas de un óvulo. Así se habría formado un huevo, que se multiplicaría rápidamente en millones de células, que formarían un embrión, y a partir del segundo trimestre tendría millones de células y formaría un feto, que resultaría en un organismo con más de diez billones de células... Tal como lo señalas, Michael, la ecuación biológica de Jesús no es lógica.

—Pero no podemos olvidar que quien nos relata la concepción de Jesús no es un escritor cualquiera, sino Lucas, un médico juicioso —alertó la psiquiatra, la doctora Sofía. Enseguida ponderó—: Dios podría haber tomado todos los cromosomas de María, haberlos clonado y modificado sólo uno de los cromosomas X transformándolo en Y.

—¡Imposible! —dijo Michael.

—Lo que es imposible para los hombres es posible para Dios —afirmó el doctor Alberto.

—Acordamos que no discutiríamos religión en este debate. Dios para mí es una fantasía —dijo Michael, levantándose con rispidez.

—Si usted no es una fantasía, ¿cómo puede afirmar que Dios lo es? —replicó el doctor Alberto, irritado.

Los ánimos se caldearon. Marco Polo trató de calmar a su amigo:

—Cuando la fe habla, la ciencia calla. Ése es nuestro trato. Pero piensa un poco, Michael, vamos a hacer una excepción y discutir filosóficamente las hipótesis de la concepción de Jesús.

En ese momento Marco Polo se adentró tan profundamente en el tema que todos los que lo oían sintieron una sacudida:

—Suponiendo que Dios exista, vamos a colocarlo en el centro

de este debate. Quiero respuestas honestas y rápidas de los dos teólogos. ¿Quién es él? ¿Cuál es su identidad?

—No lo sabemos con precisión. Dios es un misterio —dijo el doctor Thomas.

—Gracias por la honestidad. ¿Pero no es extraño amar y seguir a un desconocido?

—Jesucristo reveló algunos de sus aspectos —afirmó el doctor Alberto.

—¿Cuál es su origen? —preguntó Michael, con una sonrisa sutil.

—Él no tiene origen —afirmó el doctor Thomas. Y agregó—: Él es autoexistente. Él es, ha sido y siempre será. Existe de eternidad a eternidad.

—¿Cómo es posible? Entonces él es tan grande que se burla de este debate —declaró Marco Polo.

El público rio.

—Tal vez se esté divirtiendo —comentó el doctor Alberto.

Más risas.

—¿Él no se sorprende por mi ateísmo ni el de Marco Polo? —los provocó Michael.

—Pienso que él es un padre que ve a sus criaturas corriendo de un lado a otro y dice: "¡Qué juego tan interesante!" —especuló el doctor Thomas.

—¡Sólo eso me faltaba! ¡Soy un juguete de Dios! —se quejó Michael.

Esta vez el público soltó una carcajada, incluso Sofía. Pero enseguida el doctor Thomas comentó:

—Este debate continúa siendo serio y con alcances importantísimos, por lo menos para nosotros, quizá para toda la humanidad.

Grababan el debate para después transcribirlo y crear libros.

—¡Ah, bueno, eso cambia todo! —afirmó Michael, haciéndose el gracioso.

Marco Polo aumentó la temperatura de las preguntas:

—¿Por qué Dios se mantiene en el anonimato?

—No lo sé —dijo el doctor Alberto.

—Por qué no interviene directamente en esta especie?

—No lo sé —señaló el doctor Thomas.

—¿Cómo que no lo saben? ¿No son ustedes los teólogos más notables del mundo? —indagó Marco Polo.

—Ninguna respuesta sería suficiente para esa cuestión. Sobre todo después de que se instaló este debate —afirmó el doctor Thomas con madurez.

—Retomemos el pensamiento de Voltaire: ¿Dios no actúa porque es omiso o porque considera a la humanidad un proyecto fallido? —los provocó Marco Polo.

—Me gusta eso, Marco Polo. Ese cuestionamiento dio en el blanco —comentó Michael, eufórico.

Pero la respuesta del doctor Thomas fue un balde de agua fría:

—El Creador es tan grande y apostó tanto por la humanidad que le dio un tesoro invaluable: la libertad de elección. Escoger mal es la verdadera responsabilidad de la humanidad.

—¿Incluso la violencia causada por los errores de los cristianos, como las Cruzadas, la Inquisición, la discriminación de las minorías? —cuestionó Michael, muy exaltado.

—Incluso eso —afirmó lacónicamente el teólogo del Vaticano—. Los crímenes cometidos por los hijos no pueden ser atribuidos a sus padres.

—¡Los hijos se equivocan cuando los padres no los educan bien! —comentó Michael.

—No siempre. Usted es neurocientífico y sabe que una personalidad no se fabrica. ¿Qué hacemos en esta mesa redonda? ¿No estamos estudiando la inteligencia de Jesús? ¿No vamos a analizarlo como un gestor de la emoción? ¿No pretendemos evaluarlo como Maestro? ¿Veremos si él es un buen educador de la humanidad? —indagó el doctor Alberto.

—Excelente desafío. ¿Pero vamos a ver también si los cristianos son buenos alumnos? —provocó Michael una vez más.

—¡Notable desafío! ¡Estamos aquí para eso! —dijo el doctor Thomas sin medias palabras—. Incluso para descubrir nuestros demonios emocionales.

La mesa redonda producía contendientes fuertes que poco a poco perdían el miedo de mirar dentro de sí. El público estaba fascinado con todos esos profundos cuestionamientos.

—¡Inteligente respuesta! —constató Marco Polo—. En este debate, estudiaremos la mente de Jesús y colocaremos en jaque incluso sus habilidades para formar pensadores. Ahora vamos a continuar ejercitando un razonamiento complejo. Imaginemos que Dios se esconde atrás de la cortina del tiempo y del espacio. En ese caso, él es todopoderoso y está por encima de la teoría de la relatividad y de la física cuántica. ¿Cómo puede alguien tan grande enviar a un hijo que tanto ama a la cueva de los leones? ¿No fue cruel ese Dios?

—Lo que usted llama crueldad nosotros lo llamamos amor —afirmó el doctor Thomas.

Marco Polo suspiró y continuó bombardeando a los ilustres teólogos con sus preguntas, algunas nunca antes hechas.

—¿Es sensato que su mensajero, todopoderoso, atemporal, pasara por la consternación de ser un embrión, un feto, un bebé, un niño, un adolescente, para después volverse un adulto y actuar en el teatro social?

Michael entró en ese juego, sonrió victorioso y añadió:

—Felicidades, Marco Polo, soy fan de tu argumento. Si fuera Dios, sería más listo, enviaría a un general con un enorme ejército o a un superhéroe.

Una vez más el público rio. Sólo que a Sofía no le gustó la forma burlona que Michael usó y lo confrontó:

—Los superhéroes como Superman y Batman son acéfalos. ¡Combaten a sus enemigos sin preocuparse por su historia socioemocional! —todos se rieron. Sofía remató—: aunque ahora algunos guionistas están tratando de humanizarlos.

—¡Ajá! La doctora Sofía dejó de ser moderadora y está tomando partido —dijo Michael con ironía.

En esos momentos, otros espectadores entraron en la sala sin haber sido invitados.

El doctor Alberto estaba exaltando el argumento de Marco Polo y comentó:

—De hecho, el proyecto de Dios es complejo, demandó un costo emocional enorme. Él quería que su hijo, su mensajero, adquiriera humanidad en el sentido más pleno, incluyendo la constitución biológica y psicológica para que, entendiendo las locuras humanas, rescatara al ser humano.

—El bebé, el pequeño y el hombre Jesús necesitaban sentir los dolores físicos y emocionales, experimentar la soledad, el desprecio, los cauces de las angustias y de las ansiedades —agregó el doctor Thomas.

Marco Polo se detuvo a pensar, no esperaba esa respuesta. Pero insistió:

—Pero según ustedes, ¿creen que Jesús tenía conciencia de quién era en el útero materno?

—Usted ha entrado en una esfera en la que nunca imaginé entrar. No sé —afirmó el doctor Alberto.

—Si Jesús era el hijo de Dios tal como ustedes aseguran, el útero de María podría haber sido una celda insoportable —afirmó Michael.

—Nueve meses podrían ser un periodo emocionalmente más largo que toda la eternidad. Una cárcel inimaginable —afirmó Marco Polo. Y especuló—: a no ser que su memoria preexistente fuese suprimida durante su formación fetal y su infancia.

—Estoy impresionado por sus cuestionamientos, doctor Marco Polo. Nunca imaginé que a esta edad mi mente se volvería un cúmulo de dudas —dijo el doctor Thomas.

—Tal vez su memoria haya sido suprimida durante la formación de su personalidad y haya tenido que ser rescatada a los treinta años, cuando él comenzó a divulgar su mensaje.

—¡Pero eso es un misterio! —dijo el doctor Thomas.

—Como científico estoy obligado a discrepar, doctor Thomas. ¿Una amnesia temporal? ¿Un comportamiento autista en relación con su pasado atemporal? Es difícil creer en la hipótesis de la supresión de su memoria. Y, además de eso, ¿cómo Jesús podría haber suprimido su pasado preexistente si a los doce años debatía con los doctores de la ley y decía cosas mucho más allá de lo que sus padres le habían enseñado? —indagó Marco Polo.

—No sé, no sé... Nunca había pensado en eso. Sólo puedo decirles que ustedes tienen razón en la deducción. Si la memoria de

Jesús estaba preservada, él sufrió y se sacrificó por la humanidad mucho más de lo que imaginan todas las religiones que lo admiran. Su formación fue tan dramática cómo su crucifixión... Una cárcel insoportable —afirmó el doctor Thomas, impresionado.

—Dios mío, la crucifixión sería tan sólo un fragmento de su dolor... —comentó Sofía, admirada.

—Leemos los evangelios con tanta superficialidad que entorpecemos nuestra capacidad de pensar —convino el doctor Alberto.

Antes de terminar la mesa redonda de ese día, Michael se levantó y trató de sintetizar su mar de dudas:

—¿A ustedes no les parece absurdo que un supuesto príncipe, enviado por un poderosísimo rey, naciera en un establo? ¡Eso es cosa de locos!

—Locos de amor —lo confrontó el doctor Alberto una vez más.

—Amor, amor, amor... ¡Ustedes, los religiosos están contaminados por ese sentimiento! —afirmó Michael.

—De hecho, cualquier bebé en las favelas de Río de Janeiro, de la India y de Bangladesh nacería en condiciones más dignas que ese niño. Como si no bastase la posible cárcel del útero materno, el bebé nació en un establo, apenas tuvo tiempo de comenzar a jugar y debió huir a otro país para que no lo mataran. ¡Ese niño tuvo muchos motivos para vivir deprimido y ansioso! Si no hubiera sabido filtrar sus estímulos estresantes y administrar sus emociones, sucumbiría —ponderó Marco Polo.

—Esas nociones no tienen precedente en la historia —afirmó el doctor Thomas.

—¡Ni Nietzsche en sus delirios de locura imaginaría una historia de esas! —afirmó Michael.

—No sé si Jesús pasará las pruebas de inteligencia socioemocional, que es muchísimo más compleja que la inteligencia lógica de las pruebas de CI, pero es incuestionable que su historia es revolucionaria —afirmó Sofía con propiedad.

Todos estuvieron de acuerdo con ella. Durante esos acalorados debates, millones de cristianos, budistas, judíos y ateos comenzaron a acompañarlos. Incluso los islamistas, porque Jesús es uno de los personajes más citados en el Corán.

Secretos y más secretos. Los miembros de la mesa nunca imaginaron que la biografía de Jesús escrita por Lucas fuera esa fuente insondable de misterios. Y apenas estaban iniciando los debates. No sabían a dónde llegarían.

12

María, una mujer analítica y osada

El inicio de esta era

Aquella tarde de sol, el viento rozaba el camino de tierra seca y levantaba una cortina de polvo que empañaba los ojos de las personas, pero refrescaba la piel. Tres grandes amigas que acababan de cumplir quince años se reunían despreocupadas en una plaza. Estaban debajo de un olivo, cuyo tronco carcomido revelaba siglos de existencia. Las muchachas no habían festejado sus respectivos cumpleaños, pues la vida era tan dura que tener qué comer ya era una celebración. Sentadas en viejos e irregulares bancos de madera, contemplaban en el horizonte las plantaciones de uva y el suelo desnudo de hierbas. Sonidos de gorriones, cuya sinfonía siempre era imprecisa, alegraban a las jóvenes en la tierra de la escasez.

Las amigas dividían pedazos de pan hechos de harina mezclada con aceite y sal. Tenían que masticar mucho para humedecer el bocado y que no se les atorara. Una de las jóvenes se destacaba por ser la más sociable, la más elocuente y por su buen humor. Estaba eufórica, animada, porque había sido prometida a un hombre. Su alegría era contagiosa.

—¿Te vas a casar pronto, María? —le preguntó una de ellas.

—Dentro de un año, Rebeca.

—El día en que yo me casé también seré feliz —dijo Ruth.

—Nunca pienses en casarte para ser feliz, Ruth, sino para ser más feliz. Ya deberías ser feliz —afirmó María.

Ruth, se detuvo para pensar en lo que María le dijo y le respondió:

—¡Dices cada cosa! Es difícil seguir tus razonamientos.

—¿Qué es ser feliz? —dijo Rebeca, haciendo la pregunta más frecuente de la humanidad, aquella que los sabios de todas las culturas y todos los tiempos nunca han conseguido responder en plenitud.

Pero, para María, la respuesta era muy sencilla:

—Ser feliz es contemplar la existencia del Creador en las cosas sencillas y anónimas. Deslumbrarse con la lluvia y el sol. Empezar todo de nuevo cada vez que sea necesario.

—Pareces ser muy fuerte. ¿No te deprime esta árida tierra? —le preguntó Rebeca.

—Soy feliz por existir, por respirar, por amar, por soñar, por relacionarme... ¿Nunca pensaste lo increíble que es estar viva? —comentó María.

—¡Eres tan audaz, María! —exclamó Rebeca.

—Mi audacia viene de mi pequeñez, Rebeca.

—¿No tienes miedos? —quiso saber la amiga, curiosa.

—Tengo miedos. Y el mayor de ellos es no tener control sobre mí misma, especialmente sobre mis pensamientos soberbios y pesimistas —afirmó la joven, que poseía un razonamiento sin precedentes entre todas las jóvenes de esa tierra.

—¿Pero de dónde viene tu inteligencia? —preguntó Ruth, confundida.

—Todos somos inteligentes —afirmó María con sencillez.

En eso un mendigo apareció pidiendo pan. Su rostro estaba deformado por la lepra. Rebeca y Ruth se apartaron del miserable, mientras María salió a su encuentro y le dio un pedazo de su pan. Algunos escribas, hombres cultos que pasaban por allí, le advirtieron:

—Cuidado, puede ser peligroso.

Pero ella los sorprendió:

—El mayor peligro es no observar el dolor de los otros.

—¿Pero quién eres tú para tratar de enseñarnos?

—Disculpe, no quiero enseñarles nada, sólo dije lo que siento.

—¿No te das cuenta de que ese leproso contamina la tierra? Su olor es horrible.

—¿Pero quién es el que exhala el olor de su alma? —preguntó—: ¿Dios no exalta a los humildes y retira del trono a los orgullosos?

Las amigas estaban abrumadas por su valentía. Rebeca la jaló del brazo y le dijo en voz baja:

—¡María, cuidado! Tú eres una mujer.

—¡Qué extraña eres, jovencita! —dijo uno de los señores.

Era verdad, María estaba viviendo los pensamientos más relevantes que un día proclamaría en su tesis conocida como *Magníficat*. Tenía una habilidad intelectual que no era propia de su edad. Las amigas marcharon rumbo a sus casas. En el camino, Rebeca pidió:

—María, ¿puedes enseñarme a leer?

—A mí también me gustaría saber —le suplicó Ruth.

—¿Están dispuestas a superar los prejuicios de los hombres?

—Tengo mis dudas —dijo Ruth con sinceridad—. Sé que la lectura es un privilegio de pocos hombres, especialmente de los escribas.

—Conocer las letras es una cosa, leer papiros a la luz de una lámpara de aceite es otra. Eso exige perseverancia para enfrentar el cansancio.

Rebeca frunció el ceño y confesó:

—No tengo toda esa motivación...

—Yo tengo deseos de leer y conocer. No aprendí a leer porque mi padre haya deseado enseñarme, sino porque luché por ese sueño. Tuve mucha disciplina.

Minutos después María se despidió de sus amigas. Estaba atardeciendo y el sol se despedía de los labradores. Al llegar a casa, besó a sus padres en el rostro.

—¡Qué bueno es verte contento, papá!

—Tu ilusión por la vida me fascina, hija mía —dijo su padre con alegría.

—En una tierra donde falta el pan de trigo, no puede faltarnos el pan de la alegría —dijo la joven María con astucia—. ¿Cómo estuvo su día?

—Recogimos aceitunas y las prensamos. Tendremos una buena zafra.

María se despidió de sus padres y se recogió en sus aposentos. Su cama de paja tenía una textura incómoda. Pero para ella, era su emoción la que daba consistencia a su colchón y la conducía por noches tranquilas.

Se sentó en la cama y comenzó a meditar. Después de elevar los ojos hacia el techo lúgubre, se preparaba para recuperar la energía vital gastada en la jornada diaria. Pero de pronto sintió algo extraño en su alcoba, parecía que estaba siendo observada. Debería haber sentido miedo. Oleadas de adrenalina deberían estar recorriendo su flujo sanguíneo, activando sus pulmones y su corazón para huir de esa situación de riesgo.

Pero María no se escondía de los problemas, los racionalizaba. Súbitamente se dio cuenta de que un extraño había entrado en su alcoba. Y, para empeorar el estresante momento, él clamó:

—Alégrate mucho, bienaventurada. ¡El Señor está contigo!

¿Quién se alegraría frente a un invasor? ¿Qué mente permanecería tranquila delante de un extraño en un ambiente tan íntimo? Pero en vez de inclinarse al miedo y entrar en estado de choque, la joven se sumergió dentro de sí y comenzó a reflexionar sobre el significado del mensaje. El extraño se sorprendió por la actitud de la joven.

—María, no temas. Tú eres una mujer elegida por Dios. He aquí que darás a luz un hijo, al cual llamarás Jesús. Él será grande y será llamado el hijo del Altísimo... Y su reino no tendrá fin...

María, en vez de enmudecer y salir corriendo o llamar a sus padres, comenzó a dialogar con el "aparecido" en su habitación:

—Invades mis aposentos y me pides que no tenga miedo. Para enseguida darme esa noticia sorprendente, diciendo que daré a luz un hijo. Y además de eso me dices que lo llamarán hijo del Altísimo. ¿Quién eres tú?

—Soy Gabriel.

Y para espanto de él, en lugar de negarse a tan impactante

demanda o pensar que todo era un delirio de su mente, la joven comenzó a preguntar cómo se daría ese inimaginable fenómeno:

—¿Cómo puede suceder eso? ¡Jamás tuve relaciones con ningún hombre!

El ángel le esclareció el proceso y finalizó diciendo:

—¡Para Dios no hay nada imposible!

Gabriel esperaba muchas otras preguntas, dudas abrasadoras, dantescas incertidumbres en relación al futuro, porque María era muy joven. Sin embargo, para su asombro, ella aceptó ese desafío tan complejo, sin pensar en las gravísimas consecuencias que tendría que enfrentar.

—Cúmplase en mí su palabra.

Al día siguiente, tan pronto amaneció, con mucho tacto, buscó conversar con sus padres sobre los hechos. Pronto sintió el drama que tendría que enfrentar.

—¿Qué? ¿Un extraño en tu habitación? ¡María, tu imaginación es muy fértil!

—¡Pero, papá, el ángel habló conmigo!

—¡Los ángeles hablan con los hombres, con los ministros!

—¡Pero habló conmigo! —afirmó.

—¿Y qué te dijo? —preguntó la madre, preocupada.

—Que yo era elegida por Dios.

—Pero todas las jóvenes lo son.

—Dijo otra cosa más.

Y se quedó un momento en silencio, lo que inquietó a su madre.

—¡Vamos, habla, jovencita!

—Que voy a embarazarme... que ya estoy embarazada.

—¿Embarazada? ¡Pero si ni siquiera te has casado!

Ella guardó silencio nuevamente. Su padre entró en pánico.

—¿No vas a decirme que te embarazaste de algún hombre?

Era una situación dramática. Si sus padres habían reaccionado así, ¿cómo se los explicaría a los otros? ¿Qué palabras diría? ¿Quién le iba a creer? Su padre la amaba mucho, pero se asustó a tal punto que se levantó y elevó el tono de voz:

—María, tú siempre nos diste muchas alegrías, tu sensibilidad es contagiosa. Pero has ido demasiado lejos —y, limpiándose el sudor del rostro, dijo—: Hija, ¿sabes las consecuencias de esto? Serás apedreada. Te desangrarás en la plaza pública.

—Hija, si no estás embarazada de José, cometiste adulterio —le dijo la madre llorando, con voz temblorosa.

—Caeremos en vergüenza. Tú serás... repudiada. ¡Ay, Dios mío! —dijo el padre llevándose las manos a la cabeza.

La madre se limpiaba las lágrimas del rostro. Estaban en pánico. Por primera vez María se dio cuenta de la responsabilidad que había aceptado.

—Padre mío, cree en mí, no estoy embarazada de ningún hombre.

—¿Estás loca, niña? —dijo la madre, angustiada.

—¿Qué fue lo que realmente sucedió en tu alcoba? —preguntó el padre, tratando de estar lúcido en aquel tenso clima emocional.

—Mi cuerpo fue invadido por una fuerza desconocida. Parecía que estaba flotando en las nubes. El hijo que llevo en el vientre fue creado por Dios.

—¿Qué? ¡Hija, esa es la herejía de las herejías! Si te atreves a decirlo públicamente, vas a firmar tu sentencia de muerte...

Fue así como María comenzó a atravesar los enormes valles del estrés. Tenía que mantenerse muy fuerte. De ahora en adelante, sus días tranquilos se habían terminado. No correría más por las plazas ni tendría largas y agradables pláticas con sus amigas. Ahora era madre y tendría que explicar lo inexplicable, y corría riesgo inminente de perder la vida y a su hijo. Recorrería los desiertos sociales, sería compañera de la soledad, migraría rumbo a Belén, huiría hacia Egipto, tendría que esconder a un hijo mucho más especial que si fuera superdotado. La decisión que tomó en segundos le traería obstáculos imprevisibles.

María, la mujer entre las mujeres, lloró.

—Esposo mío, deja de hablar de muerte. Ya asesinaste a María tres veces —dijo la madre, viendo su desesperación.

—El ángel Gabriel me dijo... que mi hijo es el Mesías, el hijo del Altísimo. Yo estaba tan alegre... pero ahora ustedes me están provocando miedo.

—Hija mía, hija mía, hija mía —dijo el padre abrazando a su amable hija y colocando la cabeza de ella sobre su hombro derecho—. Somos pobres, viviendo en una ciudad miserable, en una región despreciada por los líderes de Jerusalén. ¿Cómo osas decir que... que fuiste la elegida para traer al Mesías, hija? ¿Es posible, mi Dios? ¿Será?

—Padre mío, yo sólo lo creí y algo sucedió. El ángel Gabriel también me dijo, que Isabel, mi prima, también está encinta.

—¿Cómo es posible? Ella es vieja —dijo la madre, sumergida en un mar de dudas.

—Pero él me lo dijo.

Fue entonces cuando el padre tuvo una brillante idea para evitar que su hija fuera blanco de los furiosos hombres moralistas de la ciudad.

—Los héroes siempre mueren antes. Sé discreta, hija. Márchate a las regiones montañosas donde está tu prima. Vamos a dejar que esta tempestad de arena pase...

María suspiró profundamente, besó a su padre y aceptó su propuesta.

—De cualquier manera yo estaba pensando visitar a Isabel.

La joven se preparó para ir a casa de Zacarías e Isabel. La mujer entre las mujeres, la elegida entre tantas jóvenes, debería viajar en un lujoso carruaje, tener una escolta de soldados y asistentes para proveer sus necesidades personales... Pero no, la humanidad no le sonrió, como tampoco le sonrió a su hijo. Haría un largo y extenuante viaje a pie. La soledad era su compañera, su creencia y su protección. Al día siguiente, muy temprano, María tomó su hatillo, se lo colocó en la espalda y se despidió de sus dos grandes amigas. Se arriesgó a contarles la verdad en secreto. Una vez más trató de decir lo inexplicable. Esperaba una despedida triunfal, pero en ese momento comenzó a sentir el dolor del desprecio.

—¡Pero eso es una locura, amiga mía! —afirmó Ruth.

—María, esto es muy serio —dijo Rebeca, dudando de su salud mental—. Vamos a consultar a un fariseo y pedirle su opinión.

—¡No, no! Ellos no lo entenderían por ahora.

—¿José ya sabe?

—Todavía no. Sólo se los estoy contando a ustedes. Yo creo en el designio de Dios. ¡Creo en su enviado! —dijo ella, convencida.

—Pero ¿por qué eres tú la elegida y no yo u otra joven? —preguntó Rebeca—. Eso es el orgullo de los orgullos. ¿Y quién te dijo que el Mesías nacería como un niño frágil y peor aún, pobre? —dijo dándole la espalda a María. Se estaba volviendo demasiado peligroso ser su amiga.

—Ten cuidado con tus palabras y con tu confianza —añadió Ruth e, igual que Rebeca, le dio la espalda a su amiga. Las decisiones más importantes de un ser humano son solitarias. Sola, María decidió todo y sola partió. Y así tomó camino. En ese caminar encontraría hombres mal encarados. Le pasaba por su mente que aquellos hombres sabían que estaba encinta, pero no de su pareja. Veía piedras en sus manos y pensaba que iban dirigidas a ella... El ángel le pidió que no tuviera miedo, pero era imposible exigirle eso ahora. Respiraba repitiendo: "Quien vence sin riesgos vence sin glorias", pero los riesgos eran inimaginables...

Súbitamente una ráfaga de viento alcanzó el hotel de Marco Polo, haciendo que la puerta de la habitación se abriera y cerrara con fuerza, asustándolo. Una vez más él se dio cuenta de que estaba soñando con hechos del pasado. Se adentró tanto en los textos de Lucas que liberó su imaginación. Caminó hasta la ventana para cerrarla. Miró el horizonte y vio la ciudad de Jerusalén iluminada, incluyendo la parte vieja. Era un paisaje paradisíaco.

De repente, ya no veía nada: una cortina de humo veló sus ojos. Miró hacia abajo y con dificultad vio algunos de los pisos en llamas. Las sirenas empezaron a sonar y los carros de bomberos comenzaron a llegar. Rápidamente salió de la habitación y tocó con fuerza en la puerta de Sofía, que estaba al lado de la de él.

—¡Sofía! ¡Sofía!

Ella despertó temblorosa.

—¿Qué pasó?

—¡El hotel se está incendiando! ¡Vamos!

A pesar de estar asustada, ella consiguió decir:

—Espera.

—¡Deja todo!

Pero las mujeres tienen una naturaleza diferente. Ella tuvo tiempo de recoger un bolso con su ropa y su bolsa de mano, y rápidamente corrió en dirección a las escaleras. No podían usar el elevador. Mientras bajaban, encontraron muchas personas gritando, llorando. Algunas tosían a causa del humo. Cuando llegaron al vestíbulo, fueron rescatados. Las personas que estaban intoxicadas fueron llevadas al hospital. Las que estaban bien de salud fueron llevadas a otros hoteles. Desgraciadamente, no se sabía si había quedado alguien durmiendo en los pisos de arriba. Gracias a que Marco Polo despertó, él y Sofía resultaron ilesos, pero no emocionalmente.

13

Un niño sorprendente

Eran las dos de la madrugada cuando Marco Polo y Sofía llegaron al nuevo hotel. Ella todavía estaba muy asustada. Pidió un piso de abajo, diferente a la habitación en la que se hospedaba en el otro hotel. Rápidamente se registró.

—Estoy trastornada. Si no hubieras despertado, tal vez no estaríamos aquí.

—Qué mejor que estamos aquí, vivos y sanos. Trata de descansar, Sofía.

—¿Cómo? Estoy angustiada. Mis emociones están en llamas.

—No revivas el pasado ni sufras por adelantado. ¡Trata de controlar tu miedo dentro de lo posible!

—Trataré —dijo impresionada, manteniendo su confianza.

Buscando distraerla de la tensión, Marco Polo le dijo:

—Sofía, tú eres más lista que yo. ¡Sólo tomé mis documentos y nada más, mientras tú hasta trajiste ropa!

—No sé si las mujeres somos más listas o más tontas.

—Más inteligentes, seguro; no te olvides de nuestro proyecto.

—Estoy motivada. En la noche tendremos la mesa redonda.

—Tuve sueños increíbles sobre hechos pasados.

—¿De nuevo?

—Sí. Pero esta vez con María, la madre del niño. Ella debe haber atravesado episodios emocionales y sociales impensables, peores de los que vivimos hoy.

—Interesante... Para intrigarte de esa manera, Lucas debe haber hecho un buen trabajo como entrevistador —después de una breve reflexión, ella le dio un beso en la mejilla y le dijo—: Buenas noches, mi guardián.

Feliz por el guiño, él no dijo nada, sólo sacudió la cabeza.

Sofía se fue a acostar, pero la ansiedad es enemiga del sueño. Su mente hiperacelerada conducía a su Yo a quedarse en el estado consciente. Tardó en quedarse dormida, pero cuando consiguió quitar el pie del acelerador se sumergió en las aguas densas del inconsciente y tuvo un sueño profundo. Y por extraordinario que parezca, esta vez fue ella la que liberó su imaginación y soñó con la relación entre María y Lucas.

AÑO 55 D. C.

Cincuenta y cinco años después de esos hechos, una mujer de cabellos grisáceos, lúcida, tranquila, amable y de voz pausada estaba sentada en la pequeña baranda de una casa con piso de tierra. Su piel, tal como las paredes de la residencia, mostraban las cicatrices del tiempo. Tenía setenta años, y un hombre alrededor de los cuarenta la estaba buscando. Iba tocando de casa en casa, tratando de encontrarla.

He ahí que el hombre, después de la búsqueda incansable, se acercó a la mujer y posó sus ojos en ella. Su corazón se aceleró. Era un médico, había tratado a tantos ancianos que no debía impresionarle nada. Sin embargo, el personaje que deseaba encontrar era capaz de quitarle el aliento.

—Busco a María. ¿De casualidad es usted?

—Y yo busco a Lucas. ¿De casualidad es usted?

—¿Cómo sabe mi nombre? —preguntó él, intrigado.

—Me dijeron que el compañero de aquél que antes perseguía a los que aman a Jesús, mi hijo, quería conversar conmigo.

A Lucas le temblaban los labios.

—Hágame el honor. ¿Puedo sentarme?

—¿Qué se lo impide? Mi corazón es suyo y mi historia también. ¿Usted fue cautivado por él?

—Cautivado, fascinado, encantado. No sé cómo describirlo.

—Lo entiendo. También yo me sentí así desde su nacimiento.

Y así fue como María comenzó a contar su riquísima historia a un entrevistador que tenía un gran afán por los detalles. Como médico ya había visto y escuchado muchos casos fuera del espectro social, pero la trayectoria de esa mujer lo había dejado maravillado.

—¿Qué motiva su búsqueda?

—Necesito escribir su historia para un gran amigo.

—Los escritores son los primeros que saborean su propia obra. Tú escribes primero para ti mismo.

Lucas no dijo nada, sólo meditó esas palabras. La madurez de María y sus relatos llevaban a Lucas a hacer una pausa de vez en cuando. Elevaba sus ojos y los fijaba en el horizonte. Se buscaba a sí mismo.

—Señora, su voz pausada y sus gestos determinados son como música para mis oídos. Nosotros los griegos amamos la escultura, pero la mayor obra de arte es la personalidad de un ser humano. Y la de usted fue labrada por dolores inimaginables, alegrías inenarrables y aventuras sorprendentes —expresó el biógrafo de Jesús.

—Viví muchas aventuras, pero le pido, mi buen médico: sintetice lo que le voy a contar. No hable mucho de mí, prefiero la discreción.

—¿Por qué, señora? —preguntó Lucas.

—Soy privilegiada por haber participado de la historia del hijo del Altísimo. Eso basta, hijo mío. Quedarme tras bambalinas es mi particularidad.

—La humildad es una cualidad grandiosa —comentó él.

—Más que eso: la humildad es la base de la sabiduría. Y nadie fue más humilde que el pequeño al que cargué en brazos y vi crecer.

—¿Puedo saber qué ocurrió al comienzo? ¿A José no le pareció raro?

—¿Cómo no iba a parecerle raro? Pero él era un hombre diferente. Traté de explicarle, pero no entendió. No podía. Pero no gritó ni me desterró ni me acusó. Si fuera otro, tal vez no lo hubiera soportado. Me protegió del juicio social, y me dejó secretamente. Pero fue iluminado y por fin, me recibió, me abrazó y lloró; y juntos llevamos adelante el designio de Dios.

Lucas tenía un nudo en la garganta. Sabiendo de todas las injusticias que Jesús y sus discípulos sufrieron y todavía sufrían, reflexionó consigo mismo: "¿Qué tipo de valor es éste?" Después, María comentó que su presencia se había vuelto insoportable en la ciudad. Muchos especulaban sobre su embarazo.

Afortunadamente se publicó el decreto de César Augusto, emperador romano, para llevar a cabo el primer censo de todos los habitantes de los pueblos dominados por el imperio. José debería registrarse en la ciudad donde nació, Belén.

—Yo estaba comenzando a sentir los dolores del parto. Sufría mucho, pero por lo menos estaría lejos de las miradas intimidatorias. Buscamos un hostal, pero todos estaban ocupados. Nadie nos daba asilo.

—Usted cargaba en el vientre al pequeño más increíble que se formó dentro de una mujer y sencillamente no encontraba un lugar dónde dar a luz. No sólo no conseguía explicar su embarazo también pasó por esa contrariedad. ¿No estaba perturbada por todo eso?

—En algunos momentos José me preguntaba: "¿Acaso no es el elegido? ¿Por qué es ignorado? ¿Por qué debe nacer en estas condiciones tan miserables?" Mi hijo debería nacer en una casa u hostal confortable, pero, frente a tantas preguntas sin respuesta, yo aceptaba lo inevitable.

—Aceptar que el olor acre del estiércol fuera su perfume; el calor de los animales, su cobijo. Y, enseguida, ser venerado por príncipes del Oriente... ¡Esos son contrastes que dejarían a cualquiera en estado de choque! —afirmó Lucas.

María estaba cautivada.

—Imagine, Lucas, que meses después el bebé, que no hacía mal a nadie, fue perseguido a muerte como el más miserable de los hombres. Había que huir día tras día. El desierto y el oasis siempre estuvieron en las páginas de nuestra historia, hijo mío.

—¿Lloró muchas veces?

—Incontables. Pero Dios enjugaba mis lágrimas.

—¿La mujer entre las mujeres se sintió abandonada por Dios?

María respiró profundamente. Lucas era un hombre que no evitaba preguntas.

—No, nunca. Aunque algunas veces me sentí la más infeliz de las mujeres. Imagine el dolor que sentí al saber que, por causa de mi hijo, otras madres lloraron desesperadas porque sus hijos serían asesinados por Herodes.

—Pero usted no tuvo la culpa.

—¿Y quién podría consolarme? Ni los ángeles ni mis amigos ni mis padres. Sólo mi pequeño me consolaba. Él no sonreía para mí. Parecía estar diciéndome: "¡Ten valor!" Si yo no fuera creyente de Dios, habría enloquecido.

—¿La huida hacia Egipto fue difícil?

—Anduvimos decenas de kilómetros sobre el lomo de un burro. Vivíamos a la intemperie. Sol que abrasa. Vientos cortantes y gélidos, mucho frío durante la noche. Vivir en tierra de desconocidos...

—¿Se arrepintió en algún momento de haber aceptado la misión?

—Nunca. Soy privilegiada. Aprendí a ser feliz en el caos. Los perdedores ven las tempestades y retroceden; yo, en el mismo ambiente, buscaba ver la oportunidad de cultivar...

Lucas estaba impresionado por la inteligencia de María. Y, de repente, curioso, le preguntó sobre la infancia de Jesús:

—¿Cómo fue su relación de madre e hijo? ¿La sorprendió mucho?

—La inteligencia y la conducta de mi hijo fueron retos inimaginables. Fue un bebé que creció como cualquier otro, pero por dentro, él... No sé explicarlo... era diferente, único, singular...

—¿Cómo?

—Era feliz con todo. Se caía o se lastimaba y lloraba, pero enseguida sonreía y continuaba jugando. Vivía con tanta intensidad cada minuto que le costaba trabajo dormir. Parecía que para él, el sueño era una pérdida de tiempo.

—Fascinante. ¿Era sociable?

—Mucho. Fue un niño muy abierto. Se arrojaba a los brazos de todos, no parecía tener mamá. Algunos niños mayores eran indiferentes, quietos, pero él, aún muy pequeño, quería comunicarse de todas las formas. "¡Ba, ba, ba!" Era muy simpático... —dijo María sonriendo.

—Respecto a sus miedos, ¿tenía muchos?

—¿Miedos? El miedo no era parte de su historia, lo que me preocupaba muchísimo. Jugaba con perros bravos, se acercaba a los caballos. Pero era increíble: los animales se tranquilizaban ante su presencia. A donde él llegaba se calmaban los ánimos, incluso los de las personas.

—Interesante.

María hizo una pausa para contar un episodio. Contó que cierta vez, cuando estaban en Egipto, ocultándose de la persecución de Herodes, y el pequeño tenía tres años, vio a una pareja de ancianos e inmediatamente se le soltó. Eran dos personas desconocidas, pero para él nadie era extraño. Corrió con dificultad hasta la pareja, los tomó de la mano y se fue con ellos por el camino, feliz de la vida.

—Corrí rápidamente, lo tomé de las manos. Y enseguida traté de advertirle, pero él sólo sonreía. Se divertía de todo.

—¡Maravilloso! ¿Siempre fue un niño generoso? —indagó Lucas.

—Siempre, siempre... Más tarde se volvería algo más que mi hijo: era el hijo de la humanidad, el hijo del Creador. Era judío, pero pertenecía a quien estuviera a su alrededor. Él amaba la esencia de la gente desde pequeño.

—¡Admirable! —exclamó Lucas.

—Creció, pero todo lo que tenía no era suyo. Su salario no era suyo, el tiempo no era suyo, sus ropas no eran suyas. Cierta vez, al verlo una vez más regalando su ropa, José, aunque era un buen hombre, le dijo: "¡Hijo, tú te preocupas demasiado por los miserables!".

—¿Y cuál fue su reacción? —preguntó Lucas, curioso.

—Él colocó delicadamente sus manos en los hombros de José y le dijo: "Padre, yo tengo que amar a las personas como los amo a ustedes y a mí mismo. Ser feliz es hacer a los otros felices. ¡Trabajaré y compraré otra ropa!". Su amor no cabía dentro de sí.

—¿Tenía deseos de aprender?

—Muchos. Todos los días observaba el comportamiento de las personas y discutía conmigo. Pero no sé quién enseñaba más, si yo a él o él a mí. En el fondo, no sabía quién era el educador, si yo o él...

—¿Y cuándo él se enojaba o estaba irritado?

—Raramente perdía la paciencia, aun cuando veía injusticias. Era tranquilo como la brisa y fuerte como las hojas de las palmeras de dátil, que se inclinan ante las tempestades, pero no se quiebran...

—¿Era exigente?

—Era un especialista en agradecer.

—¿Era feliz?

—Estaba dotado de un optimismo y una alegría insondables. Él decía cosas incomprensibles: "Madre, yo te amo intensamente, pero amo a la humanidad de forma inimaginable. Un día dejaré de ser tu hijo y seré hijo del hombre, hijo de la humanidad. Ese día, acuérdate de que eres la elegida, la mujer entre las mujeres".

El médico griego nunca más fue el mismo después de conversar con María y con los testigos que recorrieron y respiraron el mismo aire que Jesús. Él relató la vida de alguien que fue colgado sobre un madero y murió cómo el más miserable de los hombres. Pero Lucas sabía que el favor más grande que le puedes hacer a una semilla es sepultarla. Sepultándola, obtienes un árbol y después un bosque...

Poco después de haberse reunido para un nuevo debate, los integrantes de la mesa redonda tocaron el asunto del día en Jerusalén: el incendio del hotel.

—Ustedes estaban en el hotel que se incendió. ¡Qué cosa tan horrible! —comentó el doctor Thomas—. Todavía hay varias personas internadas. Algunas con una intoxicación grave.

—Fue aterrador —afirmó Sofía—. Nunca tuve un miedo tan atroz.

Enseguida, Michael dijo preocupado:

—Es muy extraño lo que está sucediendo con Marco Polo y Sofía. Primero el accidente, ahora un hotel en llamas. ¡Los turistas en Jerusalén cuentan con mucha seguridad!

—¡Sin mencionar el hombre del revólver! —comentó Sofía ansiosa.

—¿Un hombre armado? —preguntó el doctor Thomas—. No sabíamos de eso.

A Marco Polo le pareció innecesario contarles para no alarmarlos. Para no aumentar el índice GEEI, no difundía los problemas. Sofía fue quien les contó:

—¡Casi nos dispara!

—Pero fue accidental. La víctima pudo haber sido cualquier otra.

—¡Qué perturbador! —exclamó el doctor Alberto.

—Tenemos que solicitar el servicio de inteligencia del país —dijo Michael.

—No podemos volvernos paranoicos creyendo que hay una conspiración en curso, en caso contrario, cómo viviremos. ¿Quién podría querer matarnos? ¿Y por qué? No tiene sentido —afirmó Marco Polo—. Sin administrar nuestras emociones estamos presos mentalmente, aunque seamos libres externamente.

—Estoy de acuerdo —dijo Sofía.

El doctor Alberto también comentó un hecho singular:

—Yo no soy paranoico, pero ayer me siguieron tres hombres mal encarados. Traté de apartarme de ellos, pero comenzaron a caminar más de prisa pisándome los talones. Como conozco muy bien Jerusalén, me mezclé con las personas que estaban en el Muro de las Lamentaciones, después crucé un portal y entré en la tienda de un amigo. Así me libré de ellos.

—Todo esto es muy extraño —afirmó Michael.

—Mi sueño fue extraño. Soñé con Lucas entrevistando a María —dijo Sofía.

Todos cruzaron miradas.

—¿Tú también, Sofía? ¿Cuándo? —quiso saber Marco Polo.

—En este nuevo hotel. El debate, el incendio, mis reflexiones, todo eso motivó mi inconsciente.

—¡Pero no vamos a hablar de sueños en este debate intelectual! Los sueños no sirven de material de análisis o crítica de la historia, a no ser para analizar la personalidad del soñador —afirmó Michael.

—Claro, Michael. Como Voltaire, detesto la superstición —dijo Marco Polo—. En los sueños, el Yo que representa a la conciencia crítica, deja de anclarse en las miles de ventanas o archivos que permiten su autonomía e identidad.

Comentó que, durante el sueño, un fenómeno inconsciente que se llama flujo automático entraba en escena y comenzaba a deambular por archivos destacados que habían sido registrados recientemente o en un pasado remoto, sobre todo los traumáticos. Así, el sueño promovía una explosión creativa con personajes, escenas, ambientes...

Sofía observaba a su maestro y lo admiraba. Sentía que él dominaba el fascinante mundo de la mente humana. Después de dar esa sintética explicación, Marco Polo miró la sala en la que acostumbraban realizar los debates y se sorprendió al percibir que estaba casi llena. A medida que las sesiones de la mesa redonda se sucedían, el boca a boca sobre el debate aumentaba, generando una red de interesados. Los espectadores tenían afán de aprender.

Y sucedió que súbitamente un fraile capuchino se levantó de entre el público e hizo una solicitud:

—Usted acaba de dar una explicación lógica para los sueños. ¿Pero podría contarnos su sueño, doctor Marco Polo?

—Es innecesario para este debate —respondió, no queriendo dar énfasis a su imaginación.

Sin embargo, algunas personas, entre ellas dos profesores

universitarios, también solicitaron que lo contara. Estaban interesados.

—Por favor —pidieron.

—Yo cuento el mío —dijo Sofía, mucho más accesible que Marco Polo.

Y entonces, también Marco Polo cedió y los dos pidieron una pausa en el debate para contar las fascinantes historias que habían ocurrido en la mente de cada uno. Después del relato de los sueños, las personas estaban impresionadas. Millones de internautas los acompañaron atentamente sin quitar los ojos de sus computadoras, teléfonos, tabletas y televisores.

—Nunca escuché sueños tan creativos, con tanta riqueza de detalles sobre hechos que nunca fueron escritos —afirmó el doctor Thomas, intrigado.

—El contenido de esos sueños es extraordinario. Es como si ustedes hubieran sido transportados en el tiempo —comentó el doctor Alberto, fijando su mirada en los ojos de Marco Polo y después en los de Sofía.

—Yo desperté con una tranquilidad que ningún ansiolítico puede ofrecer. No tenía ganas ni de levantarme —confesó Sofía con placer—. Es obvio que son fenómenos que suceden en el fondo de mi inconsciente, pero al ver la cara del pequeño, me emocioné. Él no era bello, pero su expresión era linda. Al tomar las manos de los viejos y dejarse llevar por ellos, ambos fueron transformados por la alegría.

—Qué loco. Al contrario de Sofía, yo desperté asustado, aun antes de ver el hotel en llamas —contó Marco Polo—. Estaba tenso por los grandes riesgos que María correría. Raramente me acuerdo de mis sueños, pero éste y los otros fueron arrebatadores.

—¿Has soñado mucho lo que discutimos? —quiso saber Michael.

—Sí.

Pasándose las manos por el rostro, Michael respiró profundamente. Quería decir algo, pero estaba reticente. Entretanto, inquieto, no resistió:

—Mi esposa nunca se interesó mucho por mis cosas, pero ahora, todos los días me presiona para saber lo que debatimos. No he soñado con nada de lo que hemos discutido, pero nunca he dormido tan mal. Esta mesa redonda es una fuente de misterios. Accidentes, sueños... ¿Qué más está por pasar?

—Pero tú no eres supersticioso —comentó el psiquiatra al investigador de las sinapsis nerviosas.

—¡Y de verdad no lo soy! Pero voy a decirlo una vez más: de que es extraño, lo es.

La sala entera se relajó y sonrió. Michael era un tipo serio, pero divertido. Se esforzaba por ser solemne, pero su humor se filtraba hasta cuando era rígido.

14

El Magníficat: *una tesis sociológica*

El rostro de María transpiraba durante su caminata hasta las regiones montañosas donde vivía Isabel, la futura madre de Juan, el Bautista. La musculatura de sus piernas temblaba de cansancio. Deshidratada, su lengua se le pegaba al paladar. Su corazón palpitaba, bombeando sangre con intenso vigor, y sus pulmones se agitaban en busca de más oxígeno. La ansiedad por saber noticias de Isabel y la fatiga se fusionaban dentro de ella.

María debía hacer una pausa y descansar bajo la sombra de un olivo antes de entrar en la pequeña ciudad enclavada en lo alto. Su cuerpo le gritaba "detente", pero su mente suplicaba "continúa". La búsqueda de esperanza es ininterrumpible. Al entrar en la casa de Zacarías, saludó a Isabel. Era una visita inesperada, pero ella fue la sorprendida. La anfitriona rompió el protocolo dos veces: saludó a su visitante en un estilo más solemne, considerando a la adolescente superior a sí misma, aun cuando ella, Isabel era mucho mayor. La colocó en el pedestal de la gloria y en los niveles más dignos de lo femenino. Y por increíble que parezca, proclamó al hijo de María como Señor del mundo...

—Bendita tú entre todas las mujeres, y bendito es el fruto de tu vientre. ¿Quién soy yo para que me visite la madre de mi Señor? Dichosa tú, que has creído, porque lo que te ha dicho el Señor se cumplirá.

Sorprendida, María abandonó los cauces de la fatiga y fue hacia los páramos del descanso; del desierto de las tensiones al oasis del júbilo. El estrés leve irriga el pensamiento, el estrés intenso frustra la racionalidad. María debía estar mentalmente bloqueada y creativamente estéril, pero, para asombro de quien la observaba, abrió las ventanas de su memoria, liberó su imaginación y produjo tesis psicosociales sofisticadas. En ese exacto momento, comenzó a recitar su famoso y poco comprendido poema, conocido como *Magníficat*:

—Glorifica mi alma al Señor,
y mi espíritu se llena de gozo,
al contemplar la bondad de Dios mi Salvador.
Porque ha puesto la mirada en la humilde sierva suya,
y ved aquí el motivo porque me tendrán por dichosa y feliz,
todas las generaciones.
Pues ha hecho en mi favor,
cosas grandes y maravillosas,
el que es Todopoderoso y su nombre infinitamente santo.
Cuya misericordia se extiende de generación en generación,
a todos cuantos le temen.
Extendió el brazo de su poder,
y disipó el orgullo de los soberbios,
trastornando sus designios.

Desposeyó a los poderosos;
y elevó a los humildes.
A los necesitados los llenó de bienes,
y a los ricos dejó sin cosa alguna.

Su poema no era un acto sobrehumano, sino el retrato del milagro del conocimiento. Poseía tantos elementos como un suelo que esconde pepitas de oro y las oculta de los buscadores superficiales. Años antes, su deseo de aprender no sólo la había llevado a ser alfabetizada, sino también a leer con consciencia y a producir ideas como un panadero que, con ingredientes sencillos, elabora sabrosos panes.

Los días construyeron los meses. María tuvo un embarazo de riesgo. Rechazos, y largas jornadas a pie. El nacimiento del bebé tuvo lugar en el sitio más inhóspito posible, una madriguera de bacterias y gérmenes: un establo. Después de que el bebé nació, un consuelo: los pastores del Oriente le dieron la bienvenida con su *Gloria in Excelsis Deo!* Y con sus regalos, parecía que la pareja navegaría por un cielo de azúcar. Grave engaño. Belén estaba a ocho kilómetros y la pareja quería ir hasta la vieja ciudad para presentar a su bebé en el templo.

Mientras hacían el ritual de consagración, he aquí que se llevaron otra grata sorpresa. Simeón, un anciano viejo y justo, tomó al pequeño en sus brazos y expresó su *Nunc Dimittis*. Irradiando alegría proclamó:

—*Ahora, Señor, puedes dejar que tu siervo se vaya en paz, según tu palabra, porque mis ojos han visto tu salvación, la que has preparado ante la faz de todos los pueblos, luz para revelación de los gentiles y gloria de tu pueblo Israel.*

Los hechos que rodeaban al misterioso niño eran sorprendentes. José y María confirmaron que su hijo sería notablemente grandioso. Se abrazaron uno al otro, se alegraron, apretaron suavemente las mejillas de su bebé. Se relajaron sin tener conciencia de los percances que les aguardaban. Pero no pasó mucho para que supieran que el camino frente a ellos era sinuoso. Simeón, el mismo hombre que les trajo el cáliz de la alegría, les dio también el cáliz de la aflicción. Continuando su proclama, sintetizó de manera espectacular los acontecimientos que Jesús viviría:

—*...este niño traerá a la gente de Israel ya sea caída o resurrección. Será una señal impugnada en cuanto se manifieste... Por este medio, sin embargo, saldrán a la luz los pensamientos íntimos de los hombres.*

El niño se convertiría en un notable médico de la mente en el futuro, capaz de condensar pensamientos perturbadores, vanidades subliminales, intenciones espurias, angustias veladas. Simeón declaró la grandeza y los riesgos de Jesús. En tierra de ciegos, quien tiene un ojo jamás será rey, pero sí herido, maldecido, exiliado. Ver lo invisible y revelar lo intangible será un peligro para el sistema social. ¡Basta! El viejo Simeón podría detenerse, podría ahorrarle a María sus palabras, pero la miró fijamente a los ojos y la dejó consternada. Sin nada que lo detuviera, declaró:

—*...mientras a ti misma una espada te atravesará el alma.*

María sería la madre más privilegiada del mundo, bebería de las fuentes excelentes del placer, descubriría todos los días un bebé fascinante, un pequeño efervescente, un adolescente espectacular, pero tarde o temprano sufriría pérdidas irreparables. Lo amó hasta lo impensable, pero lo perdería poco a poco y, por fin, lo vería perecer sobre el madero.

—Si no hubiera aprendido a proteger mínimamente su emoción, María no hubiera sobrevivido a un ambiente sin la brisa de la generosidad —concluyó Marco Polo.

Fue así que el investigador y psiquiatra describió de forma poética y profunda los hechos que le ocurrieron a la educadora de Jesús: el encuentro con Isabel, el *Magníficat*, el nacimiento del bebé, el encuentro con los pastores y las palabras aterradoras de Simeón. Todos en la mesa redonda y en el auditorio estaban impresionados con su narración.

Sofía lo miraba una vez más, admirada. "¿Cómo era posible que un ateo pudiera profundizar tanto en los detalles de la historia de Jesús?", decía para sí misma, atónita. Olvidaba que él investigaba como un buscador de oro que se niega a quedarse en la superficie.

Después de esa descripción, Marco Polo comenzó a revelar sus análisis. Les dijo que María produjo su famoso *Magníficat* al encontrar a Isabel en el año 4 d. C., época del nacimiento de Jesús —hoy, ya se sabe que él no nació en el primer año de nuestra era, sino cuatro años después.

—¿Pero cómo logró Lucas consignar el poema de María proferido más de medio siglo antes? —indagó el psiquiatra. Y añadió—: María era letrada. Debe haberlo registrado y guardado a siete llaves. Esperó décadas hasta que apareció alguien especial para revelarlo.

—La vida es un gran libro. Para algunos revelamos la portada; para otros, el prefacio; y para otros los secretos más íntimos de la historia —dijo Sofía con una sensibilidad sin par.

—Muchas parejas duermen juntas, pero no comparten sus sueños y pesadillas. La relación es una representación. Bajo el ángulo de la gestión de las emociones nosotros sólo nos abrimos ante las personas en las que confiamos y sólo confiamos en los que admiramos —concluyó Marco Polo magistralmente.

—De hecho, Lucas debe haber sido especial para María. Solamente él registró el *Magníficat*, el *Nunc Dimittis* y muchas otras cosas que sólo María sabía. Ella se cautivó con el médico griego al punto de darle sus perlas —afirmó el doctor Alberto.

Curiosa, Sofía quería entender las perlas ocultas en el *Magníficat*.

—¿Qué se puede deducir e inducir de las primeras frases de María a Isabel: "Glorifica mi alma al Señor, y mi espíritu se llena de gozo, al contemplar la bondad de Dios mi Salvador"? —preguntó.

Marco Polo no reveló sus interpretaciones. Como un profesor que provoca la mente de sus alumnos, dijo:

—Arriésgate a descubrirlo, Sofía. Libera tu mente.

—Ella exalta al Dios en el que cree.

—Discúlpame, Sofía, pero eso está en la superficie de la sentencia. ¿Qué hay en la profundidad? —la provocó nuevamente el psiquiatra—. Hay un contenido revolucionario en esas palabras. ¿Doctor Alberto? ¿Doctor Thomas?

El doctor Alberto las analizó, pero no consiguió dilucidar el pensamiento del hombre que investigaba el proceso de formación de pensadores.

—¿Cuál es, doctor Marco Polo? —le preguntó el doctor Alberto.

—Discúlpeme, pero los creyentes están absorbidos por los rituales. Tienen una relación fría y seca con el Dios en el que creen —acusó Marco Polo.

—¡Usted no puede afirmar eso! —dijo el teólogo de Harvard, indignado.

—Nos está prejuzgando —comentó también el doctor Alberto.

—No soy yo el que afirmó esa tesis, sino la propia María que ustedes valoran y desconocen.

—¿Cómo dice? —preguntó el teólogo del Vaticano.

—Suponiendo que Dios sea real y tenga una personalidad concreta, ¿por qué escogió a María? ¿Cuáles fueron los criterios de su selección? ¿Fue su gentileza, humildad o integridad? Miles de jóvenes eran humildes e íntegras. ¿Fue su cultura y su perspicacia? Había muchas jóvenes cultas y perspicaces en su tiempo.

—¿Cuáles son los criterios, entonces? —preguntó Sofía, ansiosa.

—No tengo muchas respuestas, pero el análisis del poema *Magníficat* es arrebatador. Lo que más diferenciaba a María de todos los demás seres humanos era una intimidad sorprendente con el Dios en que ella creía. Ella era diferente a los religiosos de su tiempo, tal vez de todos, inclusive de todas las épocas.

—Pero... pero todavía no entiendo, explícanos —declaró Sofía, confusa.

—Observa lo que ella dice, Sofía: "Glorifica mi alma al Señor, y mi espíritu se llena de gozo, al contemplar la bondad de Dios mi Salvador". Bajo la óptica de la sociología y de la psicología, esa frase del *Magníficat* de María revela una relación no ritual, sin barreras ni distancias —enseguida Marco Polo comentó—: Para explicarlo mejor, déjenme preguntar: ¿el pensamiento consciente es real o virtual?

—Es real —afirmó el doctor Thomas.

—Obviamente es real —confirmó también el neurocientífico Michael.

—Están equivocados. Es virtual. ¿Un padre incorpora la realidad del hijo a sus angustias, pérdidas, frustraciones, o sólo las interpreta? —cuestionó nuevamente Marco Polo.

—La interpreta —dijo Michael.

—¿Un psiquiatra consigue experimentar los ataques de pánico de un paciente? —preguntó de nuevo Marco Polo.

—No. Él solamente interpreta la realidad del otro, pero nunca la asimila esencialmente —concluyó Sofía, entendiendo a dónde quería llegar Marco Polo.

—Claro, Sofía. Entre un psiquiatra y los ataques de pánico o incluso las crisis depresivas de un paciente existe un espacio infinito. ¿Por qué? Porque el pensamiento con el cual entendemos al otro, así como al mundo que nos rodea, es virtual. Padres e hijos, profesores y alumnos, parejas, en fin, todas las relaciones ocurren dentro de una esfera virtual. Por eso más de noventa por ciento de nuestros juicios están equivocados o corrompidos. ¡Juzgar a los otros sin ponernos en su lugar es algo que está sujeto a muchos equívocos!

—Estoy confundido —declaró Michael con honestidad.

Siempre pasaba tiempo para que los miembros de la mesa redonda entendieran a dónde quería llegar Marco Polo, pero después sus mentes se iluminaban. Enseguida, él complementó su argumento:

—Reflexiona conmigo, Michael. El pensamiento, por ser virtual, libera nuestra imaginación. Por eso pensamos en el futuro, que es inexistente, o rescatamos el pasado, que nunca va a volver. Pero, al mismo tiempo, eso nos aprisiona en una soledad dramática. Reitero: vivimos en un aislamiento virtual. Estamos cerca, pero al mismo tiempo infinitamente distantes de todo, incluso de las personas que amamos.

—¿Qué tiene que ver eso con María? —preguntó el doctor Thomas.

—La relación de María con su Dios era tan íntima y llena de intercambios que de alguna forma ella rompió la barrera de la virtualidad. Ella dice: "Glorifica mi alma al Señor". No soy religioso, pero el análisis crítico demuestra que el Dios de María no estaba sólo en el Cielo, sino en la intimidad de su mente. Para engrandecerlo, ella dialogaba día y noche con él de forma espontánea.

—Sorprendente. ¡Qué conclusión tan fantástica! —afirmó el doctor Alberto, que era especialista en María.

—¿Qué mujer era ésa? —comentó Sofía, abrumada por la interpretación—. El Dios de María era más que una religión formal, más que una relación estrecha entre una hija y un padre.

—Y lo que es más extraordinario es que María dice: "Mi espíritu se llena de gozo", sugiriendo placer y no culpa; encantamiento y no miedo —comentó Marco Polo.

—Bajo el ángulo de la psicología, ¿es posible inferir que la espiritualidad de María era diferente a la de centenas de millones de religiosos de la actualidad? —indagó el doctor Alberto.

—Según la descripción de Lucas, no tengo dudas —afirmó Marco Polo—. Ella tenía una espiritualidad inteligente, lo que era una fuente de salud emocional y que debe haberla transformado en un ser humano empático, determinado, resiliente y que administraba sus emociones.

—La religión se vuelve una fuente de enfermedades mentales cuando la penitencia, la servidumbre, el prejuicio y la exclusión dominan la mente de los creyentes. Usando el lenguaje de Marco Polo, podemos decir que todo eso sólo aumenta el índice GEEI —comentó Sofía.

—Nunca vi a María desde esos ángulos —confesó de forma sincera el teólogo del Vaticano.

—Aunque falta determinar muchos elementos de su personalidad, María fue la mujer mentalmente más saludable que haya analizado —afirmó Marco Polo, emocionado.

—Eso es absurdo, Marco Polo —comentó Michael, irritado—. ¿Estás cambiando de camiseta? ¿Dónde quedó uno de los ateos más famosos de nuestro tiempo?

—Michael, no estoy aquí para defender mi ateísmo y mucho menos para defender a las religiones. Estoy aquí para ser imparcial. Sería fácil decir que todo esto es una tontería, que Lucas es un escritor débil, que María es una mujer superficial y que los hechos que envuelven al niño Jesús son banales. Pero tengo que ser honesto: ¡este análisis me ha desconcertado!

—¡Muchos religiosos son estúpidos y superficiales! —vociferó Michael.

—¡Pero no los estoy analizando a ellos! ¡Muchos creyentes sacaron a Dios de sus vidas por culpa del comportamiento de otros cristianos! ¡Para mí, eso es una invitación a la superficialidad! Resolví ir al fondo en la evaluación de la mente de Jesús! ¡No me preocupan las consecuencias!

Sofía miró a Marco Polo y respiró profunda y lentamente. Estaba impresionada por su transparencia.

—¿Qué otros elementos tienes para afirmar que María era mentalmente saludable?

Antes de responder, Marco Polo le hizo una pregunta:

—¿Quién fue la mujer con la autoestima más sólida de la historia?

—No tengo idea. Me parece imposible saberlo —afirmó Sofía.

—¡Probablemente fue María! —declaró Marco Polo.

—¿María? ¿Cómo? —preguntaron los dos teólogos.

—¡Sólo eso faltaba! —exclamó Michael.

—¿Ella corrió el riesgo de ser apedreada?

—Sí —respondieron al unísono.

—¿Corrió el riesgo de ser considerada hereje o loca?

—Sí —dijeron nuevamente.

—¿Sería posible, que en medio de todo ese infierno emocional, conservara sólida su autoestima?

—Sería casi imposible —afirmó Sofía.

—Y más aún, Sofía, María se atrevió a proclamar: "Desde ahora en adelante todas las generaciones me tendrán por bienaventurada". Ella proclamaba que todas las generaciones, hasta el día de hoy, la llamarían feliz entre las felices, mujer entre las mujeres, a pesar de que el suelo se desbarataba a sus pies. ¿Quién tuvo una autoestima tan firme?

Sofía sonrió y dijo:

—Tengo que reconocer que esa conclusión es increíble. Hoy las mujeres se miran en el espejo y ven una arruga, una cicatriz, y su autoestima huye. A pesar de ser psiquiatra, mi autoestima necesita ser apreciada.

—Yo me exijo demasiado y soy hipersensible a las ofensas y críticas —confesó el doctor Alberto.

—Los grandes profesionales que no administren sus emociones serán verdugos de sí mismos. Es necesario reinventarse —comentó el psiquiatra, alertándolos. Enseguida comentó que la autoestima es una palabra muy sencilla, pero que tiene consecuencias brutales. Es imposible tener salud emocional sin una autoestima segura.

—¿Por qué? —preguntó Michael, inquieto.

—Porque quien tiene baja autoestima es intolerante a las frustraciones, tiene bajos niveles de placer, no se atreve, exige mucho y tiene enorme dificultad para reinventarse. Mendiga el pan de la alegría, aunque sea financieramente acaudalado. Desgraciadamente, como dije en la conferencia de la ONU hace poco tiempo, estamos en la era de los mendigos emocionales.

—Entonces yo soy una mendiga emocional —clamó una joven de treinta años que estaba entre el público—. Soy una privilegiada social y financieramente, pero soy especialista en exigir y en castigarme.

—Yo también. Soy modelo, pero siempre me la paso exigiéndome más —contó un joven de veinticinco años—. Detesto ver mis fotos en revistas y comerciales. ¡Ya me corté dos veces para castigarme!

Todos estaban impresionados por esos testimonios.

—¡Pero ustedes son tan bellos! —afirmó el doctor Alberto, sin comprender las razones de esas personas que tienen todo para ser felices, pero están tristes.

—¡No es el espejo el que denuncia la belleza. Ella está en los ojos del observador! No es la suavidad de la cama la que determina el sueño, sino la mente del que duerme —afirmó Marco Polo con propiedad.

Sofía aprovechó y dijo:

—El mundo se estaba derrumbando sobre María, ¡pero su Yo no sucumbía al miedo ni a las exigencias!

—Tal vez gritara día y noche en el silencio de su mente: "¡Los mejores días están por venir!" —fue entonces cuando Marco Polo advirtió a los que los escuchaban—: ¡Cuidado! Si quieren ser emocionalmente saludables, existe un lugar en el que ustedes no deben ser tímidos: ¡dentro de sí mismos!

Con esas palabras Marco Polo cerró otra mesa redonda más. Muchos de los que veían el debate, en vivo o por internet, descubrieron que eran mendigos emocionales; que necesitaban mucho para sentir poco; que su emoción no tenía estabilidad: durante un periodo estaban alegres; en otro, angustiados y desanimados.

Entendieron que no necesitaban ver una película de terror para atemorizarse. Ellos mismos construían sus propios monstruos. Eran parte de la estadística de los miserables de la era moderna. La asombrosa mesa redonda organizada por Marco Polo los estimuló a salir del público y entrar al escenario de su propia mente y comenzar a dirigir su nuevo guion. Jerusalén una vez más influenciaba al mundo...

15

Hechos extraños tras los bastidores del debate

Michael se quedó tenso por la explicación de Marco Polo sobre la era de los mendigos emocionales. Se puso el saco: era un insatisfecho, irritable, poco contemplativo y dado al pesimismo. Su índice GEEI era altísimo. Él se mostraba intocable, rígido, pero en el fondo su autoestima era frágil. Había sufrido *bullying* en la infancia. Fue obeso, motivo de burla por parte de los muchachos insensibles. A duras penas adelgazó.

En el debate siguiente tocó el asunto. Sin embargo, en vez de hablar de sí mismo, contraatacó el optimismo exagerado de María, cuestionando su salud mental:

—Marco Polo, en el último debate dijiste que María tenía una autoestima tan sólida que fue una de las mayores de la historia. Tal vez, en algunos aspectos, la mayor. Ella tuvo el valor de decir que todas las generaciones venideras la considerarían la más feliz de las mujeres o la bienaventurada. Pero, como el científico que soy, he visto a muchos locos sufriendo de delirio de grandeza. ¿María no era víctima de un ataque psicótico? ¿O de un estado de euforia? ¿De una depresión bipolar?

El doctor Alberto comenzó a inquietarse. Sofía y el doctor Thomas también.

—¡Michael es un especialista en sabotear las cosas en las que creemos! —dijo exasperado el teólogo del Vaticano.

—¡Calma, Alberto, usted me aceptó en esta mesa redonda y va a tener que aguantarme!

Marco Polo, a su vez, intervino suavemente:

—Los cuestionamientos de Michael son pertinentes, doctor Alberto —después, con una sonrisa en el rostro, discurrió—: Pensé mucho en el asunto. Para consternación de la psiquiatría y de la psicología, en el mismo poema en que María dice ser la mujer entre las mujeres, la feliz entre las felices, ella exalta de forma profunda y poética sus propias limitaciones. Dice con todas sus letras: "Porque ha puesto la mirada en la humilde sierva suya". Al mismo tiempo que su autoestima estaba por las nubes, su conciencia crítica tenía sus raíces en la tierra, lo que no ocurre en un ataque psicótico ni en un estado de manía de una depresión bipolar.

—Autoestima notable y humildad extraordinaria habitaban en la misma mente —declaró el doctor Alberto, satisfecho.

—¡Y al mismo tiempo! —exclamó el psiquiatra.

—Esta María, analizada y descrita en esta mesa redonda, tal vez sea mucho más de lo que los católicos descubrieron y de lo que los protestantes imaginaron —comentó el teólogo de Harvard.

—Tal vez María sea más grande hasta de lo que los islamistas comprendieron.

Ella es la única mujer de la que se habla en el Corán —se acordó Marco Polo.

—No sabía que ella era la única mujer citada en el Corán —afirmó Sofía.

Michael se pasó las manos por el rostro, se tranquilizó y concluyó perplejo:

—No pocos psiquiatras y psicólogos desaprueban la religión judeocristiana, diciendo que es la promotora del sentimiento de culpa y de la penitencia. Pero tengo que admitir que Lucas describe personajes que viven con madurez y levedad existencial extraordinarias.

—El Dios de María era el poeta de la generosidad, su placer en darse, en abrazar y dar todas las oportunidades que fueran necesarias parece consumirlo. Solamente eso explica la expresión en su *Magníficat*: "Cuya misericordia se extiende de generación en generación"—concluyó Sofía.

De inmediato Marco Polo le planteó una cuestión fascinante:

—Felicidades, Sofía. Ahora les pregunto: ¿juzgar errores es un razonamiento complejo o simple?

Ella y los demás respondieron al unísono:

—Complejo.

—Se equivocan. Se trata de un razonamiento simple, lineal, lógico. Cualquier mísera computadora puede especializarse en señalar fallas.

Todos se quedaron pensativos. Y continuando, él indagó:

—¿Y la compasión?

—Difícil responder —afirmó Michael.

—Pues te aseguro que la compasión, la tolerancia y el respeto por los demás son habilidades tan complejas que rebasan los límites de la lógica; las computadoras jamás los tendrán.

—Sinceramente, me siento turbado. Siempre consideré que

el *Magníficat* había sido plantado en el cerebro de María en su totalidad, como un milagro, pero lo que refleja es un pensamiento sintético de una mente singular —afirmó el doctor Alberto—. Tengo que revisar mis convicciones y mis clases.

Marco Polo continuó:

—Y eso no es todo, doctor Alberto. María tenía conciencia política aguda y soñaba con una sociedad justa: "Desposeyó a los poderosos; y elevó a los humildes. A los necesitados los llenó de bienes, y a los ricos dejó sin cosa alguna". Analizando esos textos, pregunto: María ¿hablaba apenas sobre bienes materiales? ¿Quiénes son los ricos?

—Los que se contaminan con orgullo, envidia, venganza, necesidad neurótica de poder... —respondió Sofía. Y después preguntó, fascinada:

—¿Cuántas generaciones pasaron para que surgiera María? Tal vez muchas. ¿Cuántas jóvenes fueron valoradas en esas áreas: transparencia, conciencia crítica, audacia, humildad, autoestima? Tal vez millones...

Sensibilizado por toda aquella explicación, Michael no aguantó más y resolvió abrir la caja fuerte de su mente.

—La humildad no es parte del diccionario de mi vida. Autoestima baja y orgullo, sí. Mi índice GEEI está alto: mi cerebro está agotado, siento fatiga al despertar, impaciencia... Necesito reexaminarme —confesó.

—Los felicito por sondear sus limitaciones, amigos míos. Somos eternos aprendices, a no ser que estemos muertos —afirmó Marco Polo.

—¡Felicidades, Michael! Cuánto más éxito académico y social tienen las personas más visten un personaje, dejando de ser ellas mismas para tener la posibilidad de esconder sus angustias —comentó Sofía, sintiéndolo en la piel.

—¿Y usted, doctor Thomas? Parece tan perfecto... —provocó Michael. En ese momento el doctor Thomas se desahogó. No conseguía contener más el conflicto que lo perturbaba:

—Estoy de acuerdo. Es más difícil lidiar con el éxito que con el fracaso. Cuánto más los teólogos ascienden en su carrera religiosa, más aumentan los riesgos de no reconocer sus frustraciones y fragilidades, su ánimo depresivo. Asumen el papel de superhéroes solitarios, sin nadie para abrirse. Yo soy así, pero no consigo callarme más.

Y contó una historia conmovedora, que lo estaba perturbando muchísimo:

—Mi hijo el mayor, Peter, es depresivo. Nunca valoré su enfermedad, pero hace dos meses ocurrió un episodio que me marcó. Él no se levantó de la cama. Lo encontré durmiendo hasta la una de la tarde. "¡Es la una, Peter! ¡Pareces un enajenado, vives en un capullo!", "Déjame en paz. ¡No quiero conversar!", me respondió. "¡Tú eras un alumno brillante y ahora te aíslas del mundo!", intentaba persuadirlo. "¡No tengo más brillo!" "¡Despierta a la vida, jovencito! ¡Sal de esa apatía!", sentencié.

El doctor Thomas parecía abatido, pero continuó:

—Peter no me respondió, fingió que no oía más la voz de su padre. Monté en cólera. "¡Me decepcionas!", lo acusé. "Yo lo sé", dijo Peter, levantando la cabeza. Y lleno de dolor, agregó: "¡Lo peor de todo es que también yo me decepciono a mí mismo! ¡Olvídate que existo!" Traté de responderle: "¿Cómo voy a olvidar que existes? Yo pago tus cuentas, te doy comida, compro tu ropa, pago tu teléfono y la carrera que te niegas a estudiar". En ese momento Peter se sentó en la cama y comenzó a sollozar: "Yo no necesito un banco. Necesito de un padre...".

Aquello conmovió a Thomas profundamente. Y continuó:

—Entonces dijo: "No es que yo sea un irresponsable, doctor Thomas, en caso contrario no habría sido el mejor alumno de la clase de derecho. ¡No salgo de la cama porque me estoy muriendo por dentro! ¿No te das cuenta? No tengo ninguna razón para vivir...". Suavizando la voz le dije: "Confía en Dios, hijo mío". A lo que él respondió: "Yo confío en Dios, pero no confío en la vida, en las personas ni en ti, padre. Tú nunca hablas de ti mismo y jamás me preguntas cómo estoy o cómo me siento, ¡qué pesadillas me perturban!". Arrepentido, le pedí: "Discúlpame Peter, perdóname...". Entonces lo abracé y lloré junto a él.

Después de relatar su historia, el doctor Thomas rompió en llanto. Marco Polo, recordando a su propio hijo, se compadeció del intelectual de Harvard:

—Los grandes hombres también lloran. El problema es que no saben qué hacer con sus lágrimas.

—Tiene razón. Y Peter también. No sé hablar de mí mismo ni adentrarme en el mundo de mis seres queridos. Me aíslo en mi intelectualidad. Sólo ahora percibo que siempre viví en una burbuja solitaria. Necesito romperla.

—¿Por qué no lo anima a buscar a un psiquiatra? —preguntó Sofía.

—Traté. Pero él se resiste.

—Si te humanizas, él sentirá tu crecimiento, y seguro comenzará a escucharte —aconsejó el doctor Alberto, su amigo.

Hubo un silencio mordaz en la mesa redonda. Conmovidos, algunos participantes del auditorio tomaban notas. Otros se arriesgaban a contar públicamente su propia historia, algo poco común. Un joven de treinta años tomó la palabra:

—Mi padre es militar. Nunca dialogó conmigo. Era un especialista en exigirme.

Una joven de veinticinco años, psicóloga, en sintonía con el otro joven, se levantó y contó:

—Mi padre no es militar, sino profesor de psicología. A pesar de eso, no se sentó a hablar conmigo. Nunca me preguntó sobre las lágrimas que lloré o sobre aquellas que jamás tuve coraje para llorar. No quiero esa educación para mis futuros hijos. Sólo después de haber estudiado psicología comencé a considerar a mi padre...

Todos querían salir de la burbuja social en la que se encontraban. Comenzaron a perder el miedo de hablar no sólo sobre el mundo en el que estaban, sino también sobre el mundo que conformaban. Descubrieron que vivían tanto en la superficie del planeta Tierra como en la superficie del Planeta Emoción.

—Detrás de una persona que hiere hay siempre una persona herida. Comprender a quien nos lastimó no cambia al otro, pero nos transforma. Cuánto peor es la calidad de la gestión de las emociones, más importante será el papel de la psiquiatría y de la psicología clínica.

Con esas palabras, Marco Polo cerró otra mesa redonda. Varias personas se le acercaron a felicitarlo.

—Estaba al borde del suicidio antes de escuchar estos debates —le contó una joven de dieciocho años que apenas comenzaba su historia y ya estaba rindiéndose.

—Tú no quieres matar la vida, sino tu dolor. Busca a un buen terapeuta.

Todos se fueron a sus casas pensativos. Michael tuvo que pasar al supermercado. Él, que siempre había sido tan cerrado, ahora saludaba a personas que no conocía.

—¿Por qué tan alegre, doctor Michael? —preguntó la cajera del supermercado.

—Estoy comprando autoestima —bromeó.

Sofía se sentó en la cama y comenzó a reflexionar sobre lo que se debatió. Había participado en muchas mesas redondas, pero ésta le había removido las entrañas.

Marco Polo, a su vez, comenzó a caminar hacia su habitación como hacía cuando estaba inquieto, gestando grandes ideas. Enseguida, abrió su computadora, fue a su "diario de viaje" y comenzó a escribir algunas frases:

> *Una tesis comienza a anidarse en mi mente y me deja ansioso: la psicología, la sociología y la pedagogía, en fin, las ciencias humanas se equivocaron al no estudiar la biografía de Jesús con disciplina y profundidad. El hombre más famoso de la historia se convirtió en un tabú. Sus sorprendentes herramientas para la gestión de las emociones dejaron de ser usadas. ¡Las universidades fallaron! ¡Yo fallé!*

El psiquiatra rememoró que María recibió la noticia de que su alma sería atravesada por las pérdidas irreparables que sufriría. Recordó que él mismo fue atravesado por la pérdida de Anna.

Las lágrimas son poemas universales. Lo que la boca calla, los ojos lo demuestran... ¡Los que no saben llorar no pueden hacer poemas en medio de un conflicto! Marco Polo lloró.

16

El mundo derrumbándose a los pies de Marco Polo

Un año antes

Marco Polo y Anna se estaban embarcando rumbo al Caribe. Celebrarían un año más de casados. Era poco frecuente ver a dos personas tan enamoradas.

—¡Eres inolvidable, Marco Polo! Mi eterno enamorado.

—¡Y tú eres insustituible, Anna!

Era un viaje de celebración, pero también de descanso. Los dos trabajaban mucho. Él, psiquiatra, investigador, profesor universitario. Ella, psicóloga clínica, especialista en depresión.

Para Marco Polo, sus pacientes no eran enfermos, sino obras de arte que él buscaba entender. Observando a Anna jugar con las olas, reflexionaba sobre la complejidad de la vida y tomó un papel para escribir una metáfora más:

"La personalidad humana es como una ola del mar y el tiempo es como la playa. Cada ola tiene una forma, así como cada personalidad tiene sus características, unas discretas, otras burbujeantes, pero todas escenifican su acto en el teatro del tiempo y, tarde o temprano, regresan tímida y misteriosamente al mar de la existencia dejando pocos vestigios".

Muchos amaban los aplausos, los reconocimientos, los desfiles sociales, pero Marco Polo amaba pensar en los misterios que rodean a la vida.

—¡Ven a disfrutar del mar! —lo invitó Anna, súbitamente, llena de alegría.

—¡Voy, querida! ¡Pero cuidado, las olas están impetuosas!

Anna se sumergía cómo si estuviera rompiendo la barrera del tiempo y del estrés profesional. Insistió de nuevo:

—Ven, Marco Polo. No dejes pasar este momento...

Inmediatamente él dejó el papel y se dejó abrazar por el mar. Pero en el fondo buscaba el mejor de todos los abrazos, el de ella. Anna nadaba tratando de vencer la resistencia de las olas. Marco Polo nadaba tras ella. Ambos sabían que las cosas sencillas y desconocidas nutren más la emoción. Momentos después caminaban por la playa. Mirándolo, ella le dijo con sencillez:

—No necesitamos mucho para ser felices. ¿Qué ganamos cuidando de los otros si nos olvidamos de nosotros mismos?

—El deseo de aliviar el dolor humano me consume. Pero necesito bajar un poco la velocidad —confirmó Marco Polo—. El éxito profesional sin éxito emocional no es éxito y sí, autodestrucción...

—¿Has cuidado de ti? —le hizo la pregunta más sencilla y vital.

Marco Polo se sumergió en su propia mente y fue honesto:

—No lo suficiente. Tengo cuarenta y siete años, mis cabellos han comenzado a encanecer. Pero tú, a tus treinta y siete años, todavía eres una jovencita. Es más, yo te hice bien, estás más bonita que cuando te conocí.

—¡Yo fui la que te hizo bien! —dijo Anna, aceptando el juego—. Conseguí dar un poco de equilibrio a ese investigador loco que siempre vivió fuera del espectro.

—Todavía vivo fuera del espectro, pero sin duda tú me trajiste un poco más hacia el centro. Gracias por existir...

De repente dos mujeres muy bonitas pasaron frente a ellos. Ella sintió que los ojos de él se desviaron discretamente hacia ellas.

—¿Estás mirando a otras mujeres, Marco Polo?

—¡Mis ojos son tuyos! —y enseguida dijo sonriendo—: ¿Tienes celos, Anna?

—Celos, ¿ese viejo fantasma que espanta a hombres y mujeres? Él me toca pero no me atemoriza más. Por cierto, leí tus escritos sobre los celos.

—¿Estás interesada por mis ideas?

—Siempre lo estuve. Me acuerdo bien: "¿Quien ama siente celos? Si consideramos los celos una búsqueda por aproximarse, ¡sí! Pero los celos nutridos por el miedo de la pérdida generan una necesidad de control que, a su vez, se convierte en un desvío insano, produciendo una atención exagerada e insaciable!" —y agregó—: Me gustó tanto que hasta lo memoricé. Creo que tienes futuro cómo investigador y escritor.

—Después de haber escrito diez libros, tal vez yo haya aprendido alguna cosa— dijo él sutilmente.

Marco Polo era publicado en decenas de países, pero nunca había perdido la humildad. Sabía que el veneno del orgullo frustraba la creatividad.

Después de eso, agregó:

—Los celos leves son inofensivos, se vuelven un contrapunto a la indiferencia. Quién es indiferente no se ama a veces ni a sí mismo. Por otro lado, el que tiene celos en exceso se autodestruye, pierde la autoestima y acelera la pérdida. Voy a defender una nueva tesis en la psicología: el que siente celos, verdaderamente, no busca la atención del otro, sino la de sí mismo pues se abandonó. Por eso, su anhelo es insaciable. Se equivocó de objetivo.

Ella sintió que cada vez admiraba y estaba más orgullosa de su marido. Él también comentó que los celos son otra manera atroz de agotar los recursos naturales del Planeta Emoción.

—Espera, eso no lo leí —dijo ella.

Entonces le contó que estaba desarrollando un programa sobre la Gestión de las Emociones. Ambos eran una pareja interesante con diálogos agradables e interesantes.

—¿Y tú, Marco Polo? ¿Sientes celos por mí?

—Tú eres la más bella entre las mujeres más bellas.

—Adulador —dijo Anna, dándole un suave pellizco.

—Sinceramente, al mirarte, mis hormonas se ponen a flor de piel. ¿Cómo no sentir celos por ti? Sólo que los administro.

—¿Sabes por qué mis celos por ti también son tranquilos? —preguntó ella.

—¡Dime, querida!

—Porque soy linda, maravillosa e inteligente y tú eres un afortunado por vivir conmigo. Si me abandonas, ¡quien va a perder eres tú! —dijo Anna, alegre y llena de confianza.

Estaba lejos de ser aquella joven que fuera rehén de su pasado; insegura, cuya madre se había quitado la vida y cuyo padre era un millonario autoritario, insensible, extremamente crítico. Se había convertido en una mujer libre. Después de decir estas palabras, empezó a correr por la playa.

—Espérame, jovencita. ¡Tú no vas a morir a causa de una baja autoestima! —dijo Marco Polo sonriendo y corriendo tras ella.

Cuando casi la alcanzaba, algo inesperado sucedió. El corazón de Anna comenzó a latir mucho más fuerte, estaba agitada y sufrió un vértigo. Perdió el sentido, cayó y se golpeó la cara en la arena.

—¡Anna! ¡Anna! ¿Qué te pasa? ¿Estás bien?

Marco Polo estaba desesperado. Pensó que había tenido un infarto o una crisis convulsiva. Pero no había espasmos musculares ni mirada pérdida o distensión mandibular. Poco después ella se despertó, pero estaba desorientada.

—¿Qué pasó? ¿Dónde estamos?

—Estamos en la playa, en el Caribe. Corrí tras de ti, pero de repente te caíste y te desmayaste.

—Creo que fue el exceso de trabajo...

Él limpió delicadamente cada grano de arena del rostro de ella y la acarició.

—Querida, me asustaste.

La besó suavemente en la frente y después en los labios.

—Qué delicioso abrazo. Voy a tener que repetir esto otras veces —bromeó ella.

—Recordé cuando recién nos conocimos. Tu papá te vio en brazos de un extraño y gritó: "¿Quién es ese tipo, Anna?". "Es Marco Polo", le dijiste. "¿Un aventurero? ¿A qué se dedica?"

—Casi le provoqué un infarto cuando le dije que eras psiquiatra —recordó Anna.

—No fue fácil vencer al tigre.

—Pero todavía no has vencido al doctor Amadeus...

Viéndola más relajada, Marco Polo le preguntó:

—¿Sientes algo diferente?

—Sólo me falta aire y tengo un ligero dolor en el pecho.

Él la examinó con cuidado. Sus labios estaban azulados, reflejando la falta de oxígeno. Marco Polo era médico psiquiatra, no un especialista en esa área, pero no le gustó lo que vio.

—Vamos, querida. Tal vez tengamos que hacerte algunos análisis.

—No los necesito. Solamente preciso descansar. La cena no me cayó bien.

Los curiosos los rodearon, algunos con la intención de ayudarlos. Marco Polo agradeció, y pasó el brazo derecho de ella sobre su cuello para caminar hacia el hotel. Anna tomó un analgésico y un antipirético y luego se restableció.

—Me puse tan feliz cuando me dijiste que todavía era una bella joven que traté de correr cómo una chica, pero estoy fuera de forma.

—Tal vez te hayas caído por tener tantos celos de mí.

—Bobo —dijo con emoción—: Extraño mucho a nuestro Lucas. Voy a llamarlo por teléfono.

Lucas, su único hijo, tenía dieciséis años. Era un joven que tenía alto rendimiento en sus exámenes. Soñaba con estudiar medicina en Harvard. Quería seguir los pasos de su padre, no por imposición, sino porque lo admiraba.

En el periodo en que estaban de vacaciones en el Caribe, Lucas estaba en la casa de su abuelo, el doctor Amadeus, lo que tenía intranquilo a Marco Polo. El suegro siempre decía: "Si hay alguien que puede enseñarle a Lucas a ser emprendedor, ése soy yo, ¡su abuelo! Ustedes son intelectuales, soñadores".

Lucas vivía como un rey en la casa del doctor Amadeus, sin límite alguno. No tenía horario para salir, para dormir ni para gastar. El abuelo mentía diciendo que traía al muchacho con las "riendas bien apretadas".

—¿Dónde estará Lucas? ¡No contesta!

—Acuérdate, Anna, que siempre le pedimos que no esté todo el día pegado al teléfono. Son las cinco de la tarde de un sábado. El joven es sensato. Debe haber salido con alguna muchacha.

Anna se acostó, se relajó y durmió por dos horas. Marco Polo, prevenido, ya había contactado a un centro médico. Estaba esperando que lo llamaran para una consulta. Desgraciadamente, Anna despertó sin poder respirar y de nuevo con dolor en el pecho. Fueron rápidamente hacia la clínica. Al llegar al centro médico, Anna fue examinada por un médico general con experiencia, el doctor Franklin. Después de hacerle algunas preguntas y auscultarla, pidió unos rayos X y un examen de sangre. Cuando llegaron los resultados, el médico se mostró muy preocupado.

—Anna, tienes bronconeumonía... Es decir, una pulmonía bilateral.

La falta de aire y el dolor torácico difuso dan lugar a este tipo de neumonía.

—¿Es grave, doctor? —preguntó, ansiosa.

—Es tratable. Tú eres fuerte —intervino Marco Polo.

—Lo ideal sería saber cuál fue el agente causante, si es un virus o una bacteria. Y si fuera una bacteria, cuál sería el medicamento más eficaz. Pero voy a recetarte un buen antibiótico de amplio espectro y a observar cómo evoluciona.

Anna colocó su mano derecha sobre la izquierda de Marco Polo y lamentó:

—Eché a perder nuestras vacaciones, querido.

—De ningún modo...

En la noche Lucas llamó.

—¡Hijo, cómo te extrañaba! ¿Dónde estabas?

—Fui al cine con una chica que conocí el otro día. ¿Y tú, mamá?

—Tengo neumonía. Pero pronto me voy a poner bien.

Conversaron por largos minutos. Después de eso el padre de Anna, el doctor Amadeus, tomó el teléfono.

—¿Estás enferma, Anna? ¿Qué te pasó?

—Una neumonía, papá. Pero ya estoy medicada.

—¿Marco Polo te está cuidando?

—Como siempre, papá...

—No sé... ¿Quieres que mandé un avión para recogerte?

—No es necesario.

Tres días después, Anna continuaba enferma y aún con el mínimo esfuerzo le faltaba aire. Las imágenes de los rayos X empeoraban en vez de mejorar.

—Debe ser una bacteria resistente. Le recomiendo que busque un centro médico con mejores instalaciones para hacer los exámenes necesarios —le recomendó el doctor Franklin a Marco Polo.

—Necesitamos irnos, querida —dijo él, frunciendo el ceño y tomando suavemente sus manos—. La neumonía no cede. Es mejor tratarla en el hospital donde trabajamos.

—Estoy preocupada, querido, pero todo va a salir bien —dijo ella con suavidad.

—¡Venceremos a esa bacteria! —le aseguró él.

Tomaron el primer vuelo a Los Ángeles, la ciudad donde vivían. Marco Polo estaba preocupado por las superbacterias resistentes a los antibióticos. Pero no comentó nada. Anna viajó con cubrebocas. Tomó todas las precauciones para no contagiar a los pasajeros y para ella misma no contaminarse con otros agentes. Fatigada, se durmió.

Al aterrizar el avión, despertó. Una silla de ruedas la esperaba. Había un empleado del aeropuerto a su disposición para facilitar su salida. Era triste la escena. Fueron directamente al hospital. Marco Polo había solicitado un equipo dirigido por el doctor Matheus, un amigo neumólogo. Anna fue transportada en una silla de ruedas por los largos corredores.

Como era una apasionada por ayudar a los niños en situación de riesgo y mantenía un trabajo social intenso en la ciudad, fue reconocida en cuanto llegó al hospital.

—¿Anna? ¿Qué te pasó? —preguntó una enfermera, preocupada por su debilidad.

—Una neumonía me derrumbó. Pero todo va a salir bien.

—¡Hola, Anna! Deseo que pronto mejore la madre de todos los niños abandonados— dijo una doctora moviendo las manos.

—¡Anna! ¡Anna! —gritaron tres niños de cinco, seis y siete años de un orfanato en el que ella prestaba asistencia gratuita. Corrieron hasta ella y la besaron.

—¡Jorge, Rafael, Leo! ¡Qué gusto verlos! —dijo ella recordando los nombres. Estaba tan emocionada que comenzó a faltarle el aire.

—Anna, tenemos que irnos —dijo el médico, preocupado. Los pequeños parecían tristes. A Anna se le escaparon las lágrimas y temblorosa los dejó.

Con los resultados de los análisis, el doctor Matheus y su equipo cruzaban miradas, preocupados.

—Mira, Marco Polo, los exámenes muestran que ella tiene una neumonía difusa y severa en ambos pulmones. Comparando las imágenes hechas en el Caribe con las de ahora, la neumonía está en franco progreso.

Recetaron otros antibióticos.

—Lo ideal sería hacer una baciloscopía, pero tú, Anna, no podrías esperar tanto. Si las imágenes no mejoran en los próximos tres días, haremos una broncoscopía para retirar un pequeño fragmento para analizarlo.

—Está bien, doctor, vamos a hacer lo necesario —comentó ella, preocupada, pero no desesperada.

—Cuida bien de ella, Matheus.

El neumólogo sonrió levemente y observó:

—En nuestro círculo de amigos siempre comentamos que ustedes son una pareja envidiable.

En ese momento Anna tuvo una crisis respiratoria. El doctor Matheus le colocó rápidamente una máscara de oxígeno para ayudarla. Enseguida aparecieron tres amigas con ramos de flores: Julia, Beatriz y Hillary. Una de ellas sostenía un cartel que decía: "¡Para la amiga más querida del mundo!".

Anna se quitó la máscara y sonrió. Ella y Marco Polo eran muy sociables. Lideraban un proyecto en más de veinte orfanatos que enseñaba a niños y adolescentes a desarrollar habilidades socioemocionales.

—Amiga, te amamos. Los niños de los orfanatos te extrañan.

—¿Cómo están?

—No dejamos de lamentarnos al saber los resultados. Los niños se están volviendo resilientes y aprendiendo a pensar antes de reaccionar.

—Muchos trabajan por un salario, otros trabajamos por nuestros sueños. Gracias —comentó ella con sensibilidad.

—Lo siento mucho, pero ahora deben irse —intervino el doctor Matheus—. Anna necesita descansar para convalecer.

De repente ella tuvo otra crisis. Ésta fue más intensa. El doctor Matheus tuvo que actuar rápidamente. Las amigas salieron llorando al ver su dificultad respiratoria. Minutos después, Anna comenzó a tomar otro coctel de antibióticos.

Pasados tres días era de esperarse alguna mejoría. Pero, desgraciadamente, eso no fue lo que sucedió.

—No te rindas, mi amor —le dijo el investigador que estudiaba el funcionamiento de la mente humana.

—No tengo miedo de morir, tengo miedo... de perderte a ti o a Lucas —dijo ella, alterada.

Conmovido, a Marco Polo se le hizo un nudo en la garganta:

—Olvídate de nosotros, querida. Por ahora, concéntrate en tu salud.

Diez minutos después el doctor Matheus entró en la habitación para hacer su visita diaria. Sin medias palabras, fue transparente:

—Comparé los rayos X y las tomografías de los días anteriores con los de hoy por la mañana. Su neumonía es resistente, Anna.

En medio de la mala noticia, Anna recibió una llamada. Era su hijo.

—¿Puedo contestar, doctor Matheus? Es mi hijo, Lucas.

—Claro, pero trate de no agitarse mucho.

—¡Hijo, qué bueno oír tu voz! ¿Cómo estás pasando las vacaciones? —preguntó con voz frágil y pausada.

—El abuelo me deja hacer muchas cosas divertidas. ¿Y tú? ¿Por qué hablas con tanta dificultad?

—Todavía no acertamos el antibiótico. Pero pronto le pondremos un alto a esta neumonía.

—Tú no estás bien. Trataré de tomar un vuelo hoy. Quiero estar a tu lado.

—No ganarás nada... Pásala bien, son tus vacaciones... En pocos días terminan...

—Pero, mamá, casi no puedes hablar...

Intempestivamente, el padre de Anna, el doctor Amadeus, percibiendo que el desarrollo de la enfermedad de su hija no estaba siendo satisfactorio, en un estallido de rabia le arrebató el teléfono a su nieto y, sin el menor control emocional, le exigió a su hija:

—¡Sal de ese hospital inmediatamente, Anna! ¡Vete al mejor centro médico y mándame la cuenta!

Eso era lo que su padre sabía hacer: pagar cuentas. Tenía un miedo terrible a las enfermedades, nunca frecuentaba hospitales y raramente iba a los velorios.

—Me están atendiendo bien, papá...

Marco Polo se dio cuenta de que Anna estaba más tensa y agitada al hablar con su padre. Le quitó el teléfono y trató de disminuir la tensión. Pero, por más que fuera un psiquiatra con experiencia, el doctor Amadeus era intratable.

—Buenos días, doctor Amadeus...

—¿“Buenos días”? ¡De ninguna manera! ¡Estás matando a mi hija! —dijo, lanzando todo tipo de quejas contra el “amigo de los psicóticos”.

Marco Polo trató de contenerse. Pero Lucas, que estaba a su lado, confrontó a su abuelo:

—No le hables así a mi padre.

Marco Polo escuchó las palabras de su hijo, y contundente le dijo a su arrogante suegro:

—Ella está recibiendo la mejor atención. Médicos, amigos míos, que son profesores universitarios, están cuidando de ella...

—¿Profesores universitarios como tú? ¡Ustedes no tienen competencia para actuar en la iniciativa privada y se quedan enclaustrados dentro de las universidades! Lleva a mi hija ahora mismo al mejor centro médico particular —ordenó el hombre cuyo Dios era el dinero.

—Ella está en un centro de excelencia. Tengo que colgar. Gracias por su preocupación... —contestó Marco Polo.

Él trataba de preservar la tranquilidad de Anna. Después de despedirse de Lucas, colgó.

Lucas criticó al abuelo:

—¡Mi padre es un excelente médico y mi mamá es muy feliz con él!

—La ingenuidad es una bendición, Lucas.

—¿Qué quieres decir con eso? Mi padre es un pensador respetable.

—Los pensadores se mueren de hambre y, a veces también matan a los otros de hambre. ¡Y disimula tus lágrimas! ¡Los hombres no lloran!

—¿Quién llora, entonces? ¿Las computadoras?

—¡Cállate! ¡Respeta a los más viejos, muchacho rebelde!

Y después de reprender a Lucas, salió de la escena. Ni siquiera trató de consolarlo por la enfermedad de su mamá.

El muchacho se fue a su habitación y comenzó a derramar lágrimas a escondidas. Después agarró una almohada y se la colocó sobre el rostro. No era consciente de ello, pero estaba perdiendo a quien más amaba...

17

Un niño alegre que vivió hace dos mil años

Un niño de cinco años observaba deslumbrado a algunas mariposas que pasaban junto a él y comenzó a correr tras ellas. Iba de un lado a otro como si quisiera bailar en el aire. Con los brazos abiertos, reproducía los movimientos de los insectos. Sus padres y dos líderes religiosos, Josefo y Benjamín, que estaban de visita, lo observaban atentamente. Eufórico, el chico gritaba sin parar:

—¡Vuela, mariposa linda! ¡Vuela!

Y reía siguiendo la trayectoria de una mariposa, después de otra y de otra más. Tenía una energía descomunal. Josefo, uno de los visitantes, estaba impresionado y les dijo a los padres:

—Nunca vi a un niño tan alegre.

—¿De dónde viene tanta felicidad? Ustedes no son ricos, la casa no tiene grandes comodidades, luchan todos los días por sobrevivir, pero ese niño sonríe como si fuera el más rico del mundo —señaló Benjamín, el otro visitante.

—Mi hijo es especial —dijo la madre.

—Todos los niños son especiales —comentó Benjamín.

—Pero ese niño hace de las pequeñas cosas un espectáculo a sus ojos —agregó el padre.

—Interesante... —dijo Benjamín, desconfiado—. ¿Pero quién le enseña a admirar la naturaleza? ¿José o María?

—Es su esencia. Le enseñamos un poco, pero parece que él tiene sed de vivir. Quiere explorarlo todo, conocer y jugar con todo. Y cada noche me pide que le cuente historias. Sólo después cierra los ojos.

—¿Es un niño seguro?

—Parece que no le tiene miedo a nada. Mire, ¡está queriendo montar en una oveja! —dijo la madre—. ¡Cuidado, hijo mío! —y continuó—: Juega con perros bravos y ellos se tranquilizan.

José tocó levemente a María para que no siguiera revelándolo todo. Era mejor proteger a su hijo.

—¿Pero cómo puede él hacer eso? —preguntó Josefo rascándose la barba.

He aquí que en ese momento pasaba un caballo trotando rápidamente. El niño fue a su encuentro.

—¡Cuidado! —dijo Benjamín, con miedo de que el pequeño fuera pisoteado.

—¡Hijo! —gritó su madre, desesperada.

Pero el animal interrumpió su marcha y se acercó lentamente al niño, bajando la cabeza, como si lo reverenciara. Para consternación de todos, él le rascó la cabeza.

—¡Qué increíble! —dijo Benjamín, un fariseo importante, observando la escena.

—Ustedes no deberían ser tan irresponsables de dejarlo libre —advirtió el otro líder religioso.

—¡Pero es imposible contenerlo! —afirmó la madre.

De repente el pequeño los llamó:

—Ven, papá; ven mamá. ¡Vamos a jugar con el caballo!

—Ahora no, Jesús —dijo el padre—. Ven, vamos a la casa.

Entonces él se detuvo y obedeció. El caballero, impresionado por la habilidad del niño, partió mirando hacia atrás.

—¿Llora mucho?

—¡Sólo en casos extremos! —contó el padre—. Pero enseguida se recupera y recobra su sonrisa. Soy carpintero, señores, mi hijo es fuerte como las maderas más resistentes.

Corriendo en dirección a sus padres, el niño no vio una piedra, se tropezó y cayó golpeándose el rostro con los pedregones del suelo. María corrió a su encuentro, fue la primera en socorrerlo. Después, llegó José seguido por los dos líderes.

—Hijo, mío ¿te lastimaste?

El lado derecho de su rostro sangraba. Por un instante él lloró, pero luego se recuperó y, tal cómo María lo había comentado, sonrió.

—Ya estoy bien.

—¿Qué niño es éste? Debía estar sollozando de dolor —afirmó Benjamín.

Los líderes religiosos cruzaron miradas, intrigados por la recuperación del niño. Su capacidad de lidiar con el dolor era singular. Activo pero obediente, sensible pero fuerte.

—Vamos a curar esa herida.

—No me duele. ¡Vamos a jugar!

—Para él, parece que la vida es un juego eterno... —dijo el padre, fascinado por tanta energía.

Tomando de la mano derecha a Jesús, los tres comenzaron a despedirse.

Entonces ocurrió otro episodio misterioso. El niño escuchó el balido de una oveja con su cría, era un gemido de sufrimiento que sólo él percibió.

—El carnerito está enfermo.

—¿Qué? ¿Cuál carnerito? —preguntó el padre.

El niño se soltó del padre, dio algunos pasos y señaló:

—Aquél.

Pero, como el animal estaba distante, salió corriendo tras él.

—¡Jesús! ¡Jesús! Ven aquí.

—Mamá, ¡la cría tiene dolor! —afirmó—. ¡Vamos!

Intrigados, lo acompañaron. Cuando el niño se acercó a la madre y su cría, ésta amenazó con darle un cabezazo.

—¡Cuidado, hijo! —gritó la madre.

Pero, inmediatamente se calmó. Otra vez todos se sorprendieron. Apenada, la madre confirmó:

—Ya les dije, los animales lo aman.

Quebrando el clima de tensión, el padre intervino:

—Hijo, mío, el carnerito está perfecto. Está caminando.

—Pero no está mamando —afirmó el niño.

De repente, Josefo, que entendía de la crianza de ovejas, mirando las ubres de la madre, vio que estaban llenas, goteando.

—Esperen, el pequeño tiene razón. La cría no está mamando. Fue rechazada por su madre. Realmente está débil, frágil. Si no le dan leche, va a morir.

Todos se miraron admirados. Enseguida, para consternación general, el niño se acercó a la oveja madre, acarició su cabeza y después abrazó al corderito. Con mucho esfuerzo, lo agarró en sus brazos y lo llevó hasta la ubre de la oveja. De repente, la cría que había sido rechazada comenzó a chupar el néctar de la madre.

—Es increíble, nunca vi un comportamiento como ése. Una madre que rechaza a su cría, raramente lo acepta de vuelta —comentó Josefo.

Enseguida se despidieron. Y, sin que los padres lo pidiesen, el niño les dio un abrazo a los líderes. Así, cada uno siguió su camino, mirando hacia atrás, algo que siempre ocurría con los viajantes que se encontraban. A cada paso, surgía la pregunta: "¿Qué niño es ése? ¿Qué será de ese niño cuando crezca?".

De repente Sofía despertó. Se sentó en la cama y sonrió. Se dio cuenta que una vez más viajaba en sus sueños. Pensó en Marco Polo. Necesitaba contárselo. Aunque fuera una experiencia difícil de ser traducida en palabras. Y su sueño lo agradeció. Se volvió a dormir y tuvo una noche restauradora.

18

El extraño hombre que anunciaba a Jesús

Un hombre que parecía loco, vestido como un andrajoso, gritaba con una voz vibrante y elocuente sobre la gran revolución social que comenzaría de adentro hacia afuera. Proclamaba que un líder estaba por llegar y cambiaría el *statu quo* de las relaciones humanas. Sería el protagonista de un gobierno justo y generoso. Parecía delirar. Y, sin pelos en la lengua, arriesgando su cabeza, señalaba las miserias de los transeúntes y la corrupción de los líderes de su tiempo. Fustigándolos con una vara corta, decía:

—Raza de víboras, ¿quién los indujo a huir de la ira de quien está por llegar?

Nunca habían visto a alguien con tanto valor en una época de persecuciones políticas. Era recomendable la discreción, pero él era incapaz de quedarse callado. Quería, de todas las formas posibles, penetrar en la mente de las personas y analizar los tumores escondidos debajo de su piel, incluyendo la arrogancia y las exclusiones. Su nombre era simple, Juan, pero sus objetivos eran complejos.

—Yo soy la voz que prepara el camino de mi líder, el Señor del mundo. Él es tan poderoso y magistral que no soy digno siquiera de inclinarme frente a él.

Las personas concebían en su mente a un superhéroe inimaginable, un líder jamás visto, acompañado de una escolta triunfal, transportado en un carruaje cubierto de oro. Su belleza dejaría en éxtasis los ojos abatidos por el hambre, en una época en que el imperio romano saqueaba los graneros de Israel.

Pero el hombre no aparecía por ningún lado... Por la noche, Juan trataba de descansar su voz desgastada por los gritos, pero sus discípulos y acompañantes lo importunaban. Interrogándolo, le decían:

—¿Por qué el Mesías tarda tanto?

—Tranquilícense todos. Tarde o temprano va a aparecer.

—¿Pero qué características tiene para que lo reconozcamos? —preguntó un fariseo, uno de los líderes que se unió al grupo de los reaccionarios. A Juan se le hacía un nudo en la garganta, pero no perdía la seguridad.

—Cuando lo vean, les resultará inconfundible. Sus gestos, reacciones y palabras proclaman su identidad. Su poder es inconmensurable y su elocuencia es arrebatadora.

—¿Pero cómo sabes eso si no lo conoces?

La pregunta letal fue hecha por un escriba, un profesor de las Sagradas Escrituras que también había sido cautivado por Juan.

El más importante y extraño especialista en propaganda personal del que se tuvo noticia respiró y sonrió. Su emoción estaba a flor de piel.

—Porque lo sé —dijo convencido.

Él inauguró una tesis que rebasaría la de Sócrates, concebida tres siglos antes: "Yo sólo sé que no sé nada".

—¿Pero cómo es posible anunciar a un desconocido con tanta seguridad? —cuestionó un líder político local.

—¡Basta! ¡Cuando venga nos sorprenderá! —dijo Juan, tratando de acabar con aquel mar de dudas.

—Pero, Juan, muchos te odian por acusarlos por sus crímenes. Herodes piensa meterte a la cárcel. Muchos fariseos padecen de insomnio a causa de tus acusaciones. Hablar de ti los hace temblar. Si el Mesías no aparece para darte protección, tarde o temprano tu cabeza puede rodar... —comentó un discípulo, preocupado por su extraño maestro.

—¿Te parece que le tengo miedo a la muerte? No se enfanguen en el lodo de la resignación. Este mundo necesita ser transformado —dijo, moviendo la cabeza a los lados, buscando relajarse al aire libre.

Muchos de los que seguían las enseñanzas de Juan no dormían, comían ni se vestían como él. De día estaban a la orilla del río Jordán y por la noche regresaban a sus casas o a los hostales. Cada que amanecía, Juan seguía el mismo ritual. El incansable maestro de ceremonias anunciaba al líder de sus sueños, al Creador de una nueva era.

Si Einstein entrara por una ventana del tiempo y lo pudiera aconsejar, seguro lo desanimaría. Podría decirle: "Es más fácil desintegrar un átomo que deshacerse de los prejuicios". Si Martin Luther King también pudiera viajar en el tiempo para orientar su ánimo, no sería diferente. Tal vez diría: "Abraham Lincoln liberó a los esclavos en la Constitución, y yo, cien años después, estoy luchando para deshacer los paradigmas sociales, reivindicando los derechos civiles de los negros, mostrando que blancos y negros son iguales en esencia, que todos somos una misma familia".

En los tiempos de Juan, como en todas las épocas, las personas no se interiorizaban, no se autocriticaban ni analizaban sus propias fallas. De múltiples formas, él proclamaba que, sobre todo los líderes, tenían tres necesidades enfermizas que infectaban sus mentes: la necesidad de controlar a los otros, la de ser el centro de las atenciones sociales y la del poder. ¡Qué misión tan dantesca la de desechar la basura de la psique humana!

—Él cambiará el corazón humano —afirmaba con seguridad.

—Pero el ser humano es inmutable —decían otros con la misma certeza.

—¿Cómo debemos estar preparados para esperarlo? —preguntaban otros, más sensibles.

Pero la respuesta era confusa, tanto real como metafórica:

—Quien tenga dos túnicas, dé una a quien no tenga. Y quien tenga alimentos, hágalo de la misma manera.

El mismo sentimiento del *Magníficat* de María estaba en las entrañas de este personaje inusitado. Pero las semanas pasaban y el Mesías no aparecía. La impaciencia iba aumentando. Cada día era largo como un mes; cada mes como un año.

Cuando todo parecía un espejismo en el desierto, he aquí que inesperadamente apareció un hombre totalmente diferente al de las descripciones grandilocuentes hechas por Juan. No había carruajes, escoltas ni prestigio social. Pero Juan lo presintió.

—¡Silencio! —dijo el hombre que siempre fue intranquilo.

Las miradas se cruzaron. El corazón se le disparó y sus pulmones se aceleraron. El momento solemne finalmente se aproximaba.

Todos querían ver lo que Juan veía, pero nadie podía. "¿Dónde está el imponente Mesías? ¿Dónde está el príncipe del tiempo? ¿Dónde está el libertador?", se preguntaban sus íntimos. Cielo claro, sol candente, sudor en el rostro. Juan no tardó en señalarlo.

—He aquí el hombre que ama a la humanidad, he aquí el hombre que se sacrificará por ella, como un cordero inmolado en un altar. He aquí el abogado que nos defenderá de nuestras locuras.

Todos, eufóricos, se esforzaban por identificarlo, pero él se confundía entre las masas.

—¡Abran sus ojos y vean al más solemne de los enviados!

No tenía belleza superlativa ni dotes físicos notables. Tocando los hombros de los que estaban frente a él, pedía delicadamente que le cedieran el paso. Nadie lo notó, salvo Juan, su anunciador, el hombre que profetizó su llegada, que allanó los accidentes geográficos de la mente humana. Al identificarlo, el ilustre maestro de ceremonias parecía un niño que encontrara a su padre al final del día, después de trabajar el campo.

—¡He aquí al líder entre los líderes, al príncipe de mis sueños!

—¿Pero dónde está el hombre? —indagaban los miserables, los políticos, los fariseos y los cultos escribas. La decepción no podría ser mayor—. No es posible que sea él... ¿Cómo sería él capaz de liberar a Israel de las garras de Tiberio César y de los cuantiosos impuestos pagados a Roma?

Querían a un libertador político, pero Jesús era el libertador de las cárceles psíquicas. Como cuando el lector de una obra se frustra al ver una película que ya ha sido filmada por su mente, el personaje no correspondía a las expectativas del imaginario de la gente. Las manos heridas por empuñar martillos y las cicatrices de su rostro expuesto a los rayos solares durante horas sin tregua eran inesperadas. Pero si le faltaban rasgos exteriores, demostraba osadía y lucidez.

Él miró a Juan, pero no se identificó. No habló de su dirección, de su origen, o de su proyecto de vida, nada... Transpirando silencio por los poros, Jesús se inclinó delante de Juan para vivir la inquietante metáfora psicosocial del bautismo. Tocaría las aguas y saldría de ellas proclamado como un nuevo hombre, capaz de dominar a los fantasmas que aterrorizan a la mente humana, de las fobias, los celos, el egocentrismo, el sentimiento de venganza. Perplejo, el maestro dijo:

—¿Inclinarte ante mí? Yo, que soy indigno de desatarte las correas de las sandalias... Soy yo quien debo inclinarme ante ti...

Al oír esta reverencia, un escriba entró en estado de choque.

—¿Cómo puede un hombre tan osado, alguien a cuya cabeza le ponían precio diariamente, colocarse de forma tan humilde delante de ese hombre tan... tan simple?

—¡Incomprensible! —confirmó otro letrado.

De ahora en adelante, ese hombre subiría al escenario y colapsaría los prejuicios de las multitudes. Como se le dijo a su madre cuando él todavía era un bebé, aquel hombre desentrañaría los pensamientos ocultos.

Sala del debate

Marco Polo discurrió en la mesa redonda sobre la historia de Juan punto por punto: su *modus operandi*, su proyecto de vida, su actuación como anunciante, conforme a la descripción de Lucas.

Contó detalles sobre el encuentro entre el anunciador y el anunciado. No sólo interpretó claramente los textos expuestos, sino que también dedujo fenómenos e indujo ideas que permanecían entre líneas.

Fue como ver una película dirigida por un hábil director, atento a los detalles imperceptibles a la primera mirada. Algunas pocas y raras películas hacen justicia al libro en el que se basaron. Los espectadores de la mesa redonda quedaron maravillados. Después de todo ese abordaje, Marco Polo haría su análisis crítico.

—Por increíble que parezca, Jesús no le dice a Juan que exageraba en su humildad al decir que se consideraba indigno de ayudarle a quitarse las sandalias. Sus sencillas palabras revelan su dramática superioridad: "Cumplamos las escrituras...".

Michael estaba intrigado por la exposición. En una crisis de ansiedad, golpeó la mesa, indignado, casi fuera de sí. Alterando no sólo a los miembros de la mesa, sino también al auditorio que los escuchaba:

—¡Esta mesa redonda es perturbadora, Marco Polo!

—¿Qué pasa? —preguntó Sofía, preocupada.

—Sofía... Sofía... la historia de ese hombre, Jesús, deja a cualquier intelectual loco.

—¿Por qué? —dijo Thomas.

—¿Cómo que por qué? ¿De casualidad, ustedes cristianos suelen creer sin conciencia crítica? —habló ríspidamente—. Tal como Marco Polo expone los disparates que acompañan a la historia de Jesús, por decir lo mínimo, son escandalosos. Sean honestos al responder —y después de una pausa para respirar, comenzó su batería de preguntas—: ¿Lo anunciaron como rey?

—Sí —confirmó el doctor Alberto.

—¿Pero ese anuncio salió en las primeras páginas de la corte, como hijo de príncipes? —preguntó otra vez Michael.

—¡No! Fue anunciado ocultamente por un extraño que apareció en la alcoba de María —comentó Sofía.

—¿Fue concebido con la participación de un hombre? —preguntó Michael.

—Según el evangelio de Lucas, no —señaló el doctor Thomas.

—¿Tuvo un nacimiento digno?

—No —dijo el doctor Alberto—. Nació en un establo.

—¿Alguien lo protegió en la infancia?

—¡No! Huyó a Egipto —respondió Sofía.

—Sólo esos puntos ya dejan loco a cualquier pensador.

Y después de otra pausa para pensar, continuó:

—¿La educadora encargada de cuidar del hijo del "Todopoderoso" tenía estatus noble?

—¡No! Era una adolescente menesterosa de una región pobre —comentó el doctor Alberto.

—¿Ella y el niño corrieron riesgo de muerte?

—Probablemente muchos —afirmó Sofía.

—¿En medio del torbellino de riesgos, ella tuvo una autoestima fragmentada?

—No. ¡Vimos que tenía una altísima estima de sí misma! —dijo el doctor Thomas.

—¿María vivía en la época del analfabetismo?

—Sí, a pesar de que la cultura griega había sido difundida por Alejandro Magno.

—¿Quién la enseñó a leer?

—¡No sabemos! —afirmó el doctor Alberto.

—¡Misterios y más misterios! ¡Todo aquí es un mar de secretos! —afirmó Michael.

Marco Polo admiraba la capacidad de síntesis de su amigo.

—Y hay más —contestó el neurocientífico—. Cuando Jesús, el hijo del supuesto Creador, resuelve abrir la boca al mundo, usa un "equipo" de propaganda formado por un solo hombre. Y, peor todavía, un hombre que comía, se vestía y hablaba como un excéntrico.

Muchos en el auditorio se rieron, pero estaban pensativos. Él tenía razón.

—¡No es un caso de risa, es un caso de llanto! Y, además de eso, ¡fue el primer profesional de publicidad que hizo propaganda a un hombre sin conocerlo! Y para empeorar la cosa aún más, en vez de ser amable y discreto, ese publicista echaba al fuego a los líderes de esa época.

—Son innumerables las paradojas —manifestó el doctor Thomas.

Delante de eso, Michael se levantó, vio a su amigo psiquiatra y compañero de ciencia y concluyó, ansioso:

—¡La historia de Jesús está perturbando mi capacidad de razonar, Marco Polo!

—Siéntate, Michael —solicitó Marco Polo con calma—. Estás tenso.

—¿Tenso? Mi mente está en ebullición —después, advirtió—: Marco Polo, tú eres un gran psiquiatra. Salgamos de esta mesa redonda, ¡si no vamos a tener un ataque psicótico!

Muchos en el auditorio soltaron nuevas carcajadas por la manera como Michael abordaba el tema, incluso el doctor Thomas y el doctor Alberto. Pero él estaba hablando en serio.

—¡Esto no es gracioso, señor Thomas, señor Alberto! Tal vez ustedes ya hayan enloquecido y no lo saben —afirmó Michael.

Las personas se rieron todavía más, pero al mismo tiempo se sumergieron en las aguas de la reflexión.

—Esas paradojas son maravillosas. Un plato lleno para quien le gusta pensar, pero ni la ciencia ni las religiones se vuelcan delante de ellas —concluyó Sofía con la mayor seriedad.

De repente, un señor de cabellos grisáceos, que era un físico de la Universidad de Oxford, comentó:

—Yo no soy religioso, pero estoy tan perplejo como el doctor Michael. Europa trata a la mente más famosa de la historia con superficialidad. ¡Estamos perdiendo la capacidad de cuestionamiento!

Entonces, Marco Polo respiró hondo e hizo un comentario muy serio:

—Michael, mi amigo de ciencia, lo que me deja perturbadísimo es que todas esas paradojas que estamos analizando y que tú sintetizaste ¡nos gritan una vez más que Jesús no podría ser un personaje inventado!

—¿Cómo dices, Marco Polo? —preguntó Michael, confuso.

—Piensa conmigo. ¿Tú usarías a Juan como tu publicista para proponerte como candidato a jefe de departamento de la universidad?

—Claro que no, Marco Polo. Nadie en su sana conciencia usaría a un hombre como él. Me haría perder muchos votos. Es más, el resultado de la elección podría salir esta noche. ¡Confío en que seré el vencedor!

Algunos en el auditorio aplaudieron. Les gustaba su modo despojado e irreverente. Él levantó las manos, agradeciendo.

—Sin embargo, continuando, todo indica que Juan, de hecho, quería preparar el terreno de la mente de los seres humanos, le doliera a quien le doliera. Aunque el resultado fuera pura antipropaganda.

—Tienes razón —reconoció Marco Polo.

—¿Qué escritor tendría la habilidad de construir un personaje con esos fenómenos sociales? Es más, la historia de Jesús no nos perturbó solamente a nosotros, sino también a sus escritores, incluso a Lucas. Sus textos muestran a un hombre fascinado por el personaje al que describía. Él tenía mucho que escribir, pero buscaba constantemente ser sintético. Y, además de eso, su escritura a veces tenía problemas de puntuación, sin pausas para respirar, de tan fascinado que estaba.

—El hombre que estamos estudiando es muy diferente del niño tranquilo que nació en la Navidad. Todo en él huye de lo previsible— agregó Sofía.

—Cuando nuestros alumnos se forman en las universidades, aunque estén poco preparados para la vida, sus padres celebran fiestas solemnes, como si fueran héroes. Pero Jesús no tuvo privilegios sociales desde su nacimiento hasta su muerte —concluyó Marco Polo.

—¡Qué locura! ¿Eso no fue cruel? —afirmó Michael.

De repente, Sofía llegó a una conclusión esclarecedora:

—Tal vez los beneficios le fueron suprimidos para que su luz brillara de adentro hacia afuera...

Marco Polo colocó las manos en la cabeza, incómodo.

—¿Estás defendiendo la tesis de que el supuesto Creador controló el tiempo y el espacio para que su enviado naciera sin beneficios sociales? ¿Estás diciendo que el objetivo de todas esas paradojas era que él revelara, sin ningún tipo de máscara, su notoriedad psicológica?

—¡La conclusión de Sofía es completamente lógica! —afirmó el doctor Alberto.

—Pero ese padre arrojó a su hijo a la cueva de los leones —dijo Michael.

Delante de eso, Marco Polo comentó inteligentemente:

—¿Por qué ese Dios de los cristianos estaría dispuesto a correr tanto riesgo?

—¿Cómo dices? —preguntó Sofía, intrigada.

—Quítales el apellido, el poder, el estatus y los bienes materiales a los reyes a lo largo de la historia y observa si serían capaces de brillar en el anonimato, por sí mismos.

—Muchos son tan incompetentes que no pasarían de ser vasallos —afirmó Michael—. Aunque no les sobrarían aduladores.

—Incluso algunos presidentes electos democráticamente, si les quitamos el poder, el estatus, el populismo y los probamos en el terreno del anonimato, serían incapaces de administrar una cantina, un bar o una microempresa —afirmó Marco Polo.

—Y ya que todo le fue negado al personaje más famoso de la historia, también nosotros despojémonos de todo nuestro pudor para investigarlo —concluyó Michael solemnemente.

—Correcto. A partir de ahora, analizaremos su inteligencia sin prejuicios ni dogmas, le duela a quien le duela. Podemos decepcionarnos muchísimo —comentó Marco Polo.

—O admirarlo muchísimo —dijo el intelectual del Vaticano.

—Pago por ver —remató Michael.

—Espere, Michael. Usted va a sufrir un ataque psicótico —lo provocó el doctor Thomas, tal como él lo había hecho antes.

—Estoy administrando mejor mis emociones —respondió él, saliéndose por la tangente.

En ese momento, el teléfono de Michael comenzó a vibrar. Nadie miraba su teléfono mientras transcurría el debate, pero un mensaje urgente le había llegado.

—Discúlpenme por atender el mensaje, pero es urgente.

A medida que lo leía, se sentía más abatido. El mensaje decía: "Cuidado con ese debate! Cualquiera de estas noches tu familia será secuestrada".

Le mostró su teléfono a Marco Polo para que leyera el mensaje. Muy preocupado Michael comentó el mensaje, y todos quedaron muy afectados. Pero recomponiéndose comentó:

—Sólo puede ser una broma de mal gusto. Es raro que haya un secuestro de civiles en Jerusalén.

—¿Es posible que alguien esté tratando de impedirnos participar de estos debates? —preguntó Sofía.

—Muchos están viéndolo por internet. Y siempre hay locos en el mundo virtual. Amenazas estériles —afirmó el neurocientífico.

—Por favor, Michael. Si quieres desistir de la mesa redonda, nosotros entenderemos.

—¿Cómo? Yo soy orientador de maestrías y doctorados, pero hay tan pocas tesis interesantes e innovadoras en la actualidad... Aun cuando yo pensé en desistir de estos debates, ¡éstos se han convertido en mi desafío intelectual más importante!

Sofía se acordó de los riesgos que ella y Marco Polo corrieron, pero trató de motivarse.

—Después de todo lo que vimos, estudiar la mente de Jesús cobró fuerza... aunque hayamos encontrado piedras en el camino.

—¡Confieso que nunca estuve tan aprensivo y, al mismo tiempo, tan interesado en revelar las verdades del hombre al que sigo! —afirmó el doctor Thomas.

El auditorio estaba lleno; incluso había algunas personas sentadas en el piso. Todas ellas se levantaron y aplaudieron la audacia y la honestidad de los debatientes. Incontables personas también aplaudieron, pues el debate era visto en vivo en más de ochenta países, incluso de madrugada. Todos querían embarcarse en ese viaje fascinante, lleno de rutas imprevisibles y sorprendentes.

19

Jesús y las pruebas de estrés más dramáticas

A la mañana siguiente, Marco Polo estaba concentrado, pensativo, reflexionando sobre las ideas y tesis que habían debatido en los últimos encuentros. Tomó su computadora y una vez más escribió sus impresiones acerca de los misterios de la existencia humana:

> *La vida es un gran contrato de riesgo. Y una de las cláusulas más importantes de ese contrato es que debemos vivir cada día como un nuevo capítulo y cada capítulo como una aventura. Quién se aprisiona en la cárcel de la rutina no sueña, no se renueva, no aprende más. Deja de ser autor de su propia historia, se convierte en un zombi, aunque esté físicamente vivo. ¡Yo estaba así!*

Después de escribir esas ideas, fue a estudiar el evangelio de Lucas. Su mesa tenía decenas de libros. Él consultaba textos de todas las religiones y de diversos pensadores para llevar a cabo su análisis crítico. Muchos intelectuales crean sus ideas en momentos conflictivos, y Marco Polo desarrollaba las suyas en el caos. Libros en el piso, textos y más textos sobre la mesa, papeles con anotaciones por todos lados.

A medida que Marco Polo leía y elaboraba sus cuestionamientos, su mente abría las ventanas de la memoria. Al leer los textos que siguieron al encuentro con Juan, el anunciador del Mesías, comenzó a observar posibilidades abismales. Quedó sorprendido al descubrir que Jesús, antes de ser conocido en el mundo, pasó por la más dramática prueba de estrés. Intrigado, se preguntaba a sí mismo: "¿Cuarenta días en el desierto sin comer? ¿Eso es una ficción o una fuerza total? ¿Cómo, en el ápice del agotamiento físico y mental, él consiguió pensar: 'No sólo de pan vive el hombre'? ¿A qué nutriente se refiere? ¿Físico o metafísico? Pensemos en los reinos y en el poder político que ningún hombre tuvo jamás ¿estaría eso al alcance del carpintero de Nazaret? ¿Se trata de una metáfora o él tenía habilidades intelectuales para seducir naciones? Pináculo del templo e ídolo religioso, ¿podría él asumir el control de la humanidad, pero se rehusó? No es posible. ¿El carpintero tenía herramientas para esculpir un trono político y religioso, mundial?"

Marco Polo era un investigador raro. Usaba mucho más que el método socrático para fomentar cuestionamientos, usaba el arte de la duda como un bisturí para penetrar en las capas más profundas de los textos que leía, para revivirlos, analizar sus implicaciones y observar sus límites y alcances. Todo eso para ver el mundo con la menor corrupción posible. Por eso no ahorraba esfuerzos, cuestionando sus proposiciones a cada instante. Quería ver el mundo como es, no como le gustaría que fuera.

Marco Polo respira lenta y profundamente. Mira a Sofía, después ve al teólogo de Harvard y, enseguida, al teólogo del Vaticano. Mira fijamente a su amigo Michael y pasa los ojos por el auditorio que se concentra en el salón de clases.

—Esperaba cuestionar de todas las formas la mente de Jesús, pero no imaginaba que, antes de que los científicos hicieran sus cuestionamientos, él ya hubiera sido evaluado por pruebas casi humanamente insoportables. ¿Lo sabían?

—¡No sé de qué está hablando! —exclamó el doctor Alberto.

—¿Nunca se sorprendió por la prueba de estrés de Jesús en el desierto? ¿Nunca se quedó perplejo por su increíble ritual de transición, antes de comenzar a hablar sobre su gran proyecto de vida?

—¿Está usted hablando de la tentación de las tinieblas? —preguntó el doctor Thomas.

Inmediatamente Marco Polo reaccionó. Quería, una vez más, hacer evidentes las diferencias entre la ciencia y la religión, aunque en algunas áreas éstas se sobrepusieran. Por ejemplo, la ciencia aborda el control de la ansiedad y la religión aborda el control de la angustia existencial.

—Vamos a dejar claros los límites entre la ciencia y la espiritualidad. Estamos haciendo una mesa redonda para hablar de acontecimientos susceptibles de ser interpretados, analizados y criticados. Reitero: cuando la fe habla, la ciencia calla.

—Perfecto, Marco Polo —señaló Michael.

—Reafirmamos nuestro convenio —dijeron los dos teólogos.

—¡De acuerdo! Por tanto, no discutiremos fuerzas del mal, milagros, fenómenos sobrenaturales ni otros elementos cuya investigación científica sea imposible. Por ejemplo, si hay un Dios Todopoderoso, ¿por qué no remueve la basura del universo, por qué no elimina a las fuerzas del mal? ¡Quien construye una gran casa tiene que pensar en el drenaje! —declaró Marco Polo.

—Jesús fue enviado para encargarse de ese drenaje. Eso es lo que creemos —dijo el doctor Thomas.

—¡Creencias! ¿Cómo discutirlas? ¿Bajo qué base? —cuestionó Michael, exasperado.

—Tranquilo, Michael —pidió Marco Polo.

De repente, Sofía tuvo una idea brillante.

—Si eventualmente discutimos asuntos que sobrepasan los límites de la lógica, propongo que lo hagamos bajo un ángulo filosófico, no necesariamente científico —comentó la moderadora.

Michael aplaudió a Sofía. Todos en el público aprobaron la moción. Dicho eso, Marco Polo estaba listo para avanzar.

—Las pruebas de Jesús fueron singulares y prácticamente insoportables. Necesitamos analizarlas a la luz de las ciencias humanas.

—¿Te refieres a la crucifixión? —indagó Sofía.

—¡No!

—Todos somos evaluados a lo largo de la vida: los alumnos en los exámenes, los profesionales en las entrevistas, las empresas nuevas por el mercado, los ejecutivos en el cumplimiento de sus metas. Como neurocientífico, soy especialista en pruebas.

—¿Cómo puedes afirmar que las pruebas de Jesús son tan singulares? —cuestionó Michael.

—¡Según lo que dice el texto del médico griego! —afirmó Marco Polo.

—Explícate mejor —solicitó Michael.

—¿Tú soportarías quedarte cuatro días sin comer?

—Claro que no. Ya fui obeso en la infancia. Hoy me controlo, pero tengo una relación de amor con el refrigerador —dijo Michael.

—Lucas dice que Jesús estuvo sin comer durante cuarenta días en el desierto.

—Eso es imposible.

—Bien, sin beber, en dos o tres días nos deshidratamos. Sin comer, es casi imposible. Pero es lo que Lucas dice. ¡A no ser que esté inventando!

—Pero él era médico, un hombre lógico —les recordó el doctor Thomas.

—Ésa es la primera prueba. Y no termina ahí. Lucas dice que Jesús se sometió libremente a ello, no contra su voluntad. Si eso fuera real y no una fantasía, él rompió todos los límites del estrés físico. Tuvo un autocontrol que ningún hombre jamás tuvo. Debe haber adelgazado casi hasta la muerte.

Marco Polo, que estudió y escribió largos textos sobre la historia del Holocausto, principalmente sobre el drama insoportable que los judíos pasaron en los campos de concentración, comentó:

—En los campos de concentración, la ración era bajísima, de trescientas o cuatrocientas calorías diarias. La mayoría murió en pocos meses.

—A tal extremo no hay defensa, tolerancia ni mente capaz de desarrollar un razonamiento complejo —afirmó Sofía.

—Exactamente, Sofía. A tal extremo, el *Homo bios* (instintivo) prevalece sobre el *Homo sapiens* (pensante). En fin, se cierra el circuito de la memoria, señalando que sobrevivir es más importante que pensar y ofrecerse a los otros. Por eso, amigos míos, muchos judíos, aplastados por el hambre, tenían reacciones egoístas, escondían alimentos, fingían. Algunos traicionaron a sus parejas por un pedazo de pan, aun cuando fuera de ese dramático estrés eran buenas personas —comentó Marco Polo.

—Doctor Marco Polo, leí en uno de sus artículos que en los países donde hay escasez de alimento, por ejemplo, donde llueve menos de setecientos litros por metro cuadrado por año, hay más roces, guerras y disputas —comentó el doctor Thomas.

—Exactamente. Sin embargo, eso puede ser corregido por la educación, privilegiando la formación socioemocional que estimule la cooperación, el pensar antes de actuar, el ejercicio de ponerse en el lugar del otro —comentó el autor del programa de gestión de las emociones—. Por otro lado, en países en que hay abundancia, por ejemplo, de sol y tierras fértiles, como Brasil, se promueven la alegría, las fiestas y los encuentros sociales, pero hay menos estímulos a la lectura, a la investigación y a la superación de obstáculos.

—Uy, nunca había pensado en eso. Tanto la escasez extrema como la abundancia tienen mecanismos que sólo la educación socioemocional podría resolver —comentó Sofía—. Por eso los países de clima templado han tenido más éxito.

—Claro, hay muchas variables, pero el clima y la educación los ayudaron. Pero volvamos a la quiebra de paradigmas de Jesús. Él pasó por las pruebas del útero de María, de la fuga hacia Egipto, del trabajo silencioso y humilde como carpintero. Ahora, no obstante, su cuerpo es maltratado por el hambre —comentó el doctor Thomas.

—¿Cómo puede alguien decidir pasar por una prueba así? Eso es una locura, Marco Polo... —dijo Michael, indignado.

—No te enojes conmigo, Michael. Enójate con Lucas, el biógrafo. Él dice que su narrativa sigue criterios firmes. Trató a muchas personas con inanición. Ahora la persona que él ama se está muriendo de hambre. Él debió haber fracasado en el pensamiento después de esa prueba de estrés.

—Le fue dicho que podría transformar las piedras en panes. Claro, yo sé que no entraremos en esa particularidad —discurrió el doctor Alberto—. Pero, en sintonía con su razonamiento, mi punto es que él no interrumpió su pensamiento.

Dijo: "No sólo de pan vive el hombre, sino de toda palabra pronunciada por Dios".

—Ésa es la tesis —comentó Marco Polo.

—Espera un poco. ¿Le fue dicho que él podría suspender las leyes de la física y mudar la materia? ¿Que podría transformar piedras en panes? ¿Cómo sería eso posible? —preguntó Michael, una vez más, perturbado.

—Michael, ésa no es la tesis. Estamos de acuerdo en que no vamos a discutir los poderes sobrenaturales de ese hombre. ¿Por qué tú los estás discutiendo?

—Discúlpame. Es que...

—La tesis es que Jesús produjo un pensamiento lúcido cuando todo su cuerpo moría. Pero antes de discurrir sobre eso, déjenme especular. El texto dice que, después de cuarenta días, él tuvo hambre. Y en los días anteriores, ¿no estaba hambriento? ¡Claro que sí! —Marco Polo continuó diciendo que el médico griego señaló subrepticiamente que él estaba en un proceso de interiorización para suprimir sus instintos. Y finalizó su argumento—: ¿El ser humano podría tener ese autocontrol? Lo que sabemos es que, en los terremotos, hay personas presas en los escombros que liberan un poder mental que las mantiene físicamente. ¡Algo absurdo para la medicina!

—Increíble. ¡Nunca había pensado en ese poder mental! —dijo Sofía.

Marco Polo hizo una pausa para respirar y continuó:

—Ahora vamos al pensamiento: "No sólo de pan vive el hombre, sino de toda palabra pronunciada por Dios". En primer lugar, ese pensamiento es lógico. En segundo, había consciencia crítica comparativa: pan físico *versus* pan metafísico. En tercero, entra en un carácter imposible para que la ciencia investigue: sobrevivencia humana temporal, favorecida y simbolizada por el pan de trigo *versus* sobrevivencia atemporal, propiciada por el suplemento producido directamente por el misterioso Creador.

—Pero, pero... ¿de dónde usted sacó todo eso? —comentó el doctor Alberto, admirado.

—Eso es absurdo —declaró Michael —la ciencia, de hecho, no puede investigar eso.

—Pero lo que es interesante, Michael, es que, mientras el cuerpo de Jesús estaba al borde del colapso, muriendo, él escandalizaba a la medicina, que luchaba diariamente con la muerte. Él hablaba del mayor sueño de los mortales: la eternidad.

—Interesante, interesante... —dijo el doctor Alberto—. Él no perdió el romanticismo por la vida incluso frente a la muerte. Él colmaba su vida de esperanza, pues sin esperanza morimos, aun estando vivos. ¿Qué tipo de hombre era?

—No deja de ser curioso —alegó Sofía—. Jesús discurría sobre la "antimateria", no en el sentido clásico de la física, sino en el de la atemporalidad. Sé que no es asunto de este debate, pero se trata de una discusión filosófica sofisticada. Él parecía no vencerse ante ningún tipo de miedo.

El instinto animal y el ser racional habitan el mismo ser humano. Dependiendo de los niveles de estrés, el instinto animal prevalece sobre el racional, llevando a un ser humano a cometer actos impensables, a dejar escapar la rabia, el odio, la impulsividad, el sentimiento de venganza. El cuerpo de Jesús fue llevado al límite, y ésa no sería la primera vez. Mientras tanto, en vez de sucumbir a los instintos, él mantuvo su conciencia crítica. Hizo poesía en el caos.

20

La prueba del poder político y religioso

Los intelectuales que estudiaban la mente de Jesús continuaron debatiendo sobre las más dramáticas pruebas de estrés a las que un ser humano podía someterse. La mayoría de los seres humanos no soportarían mínimamente esa presión a lo largo de la vida, sobre todo las personas de las clases media y alta. Después de estudiar las circunstancias que llevaron al cuerpo de Jesús al extremo, evaluarían las que llevarían su ambición al extremo, la emoción al límite, el intelecto a paladear de placer...

Marco Polo discurrió:

—La segunda prueba de estrés que pasó Jesús no es menos asombrosa y difícil que la prueba física: la necesidad neurótica de poder. Su autocontrol fue examinado al máximo.

—¿Estás hablando de cuando Jesús fue llevado a lo alto de un monte y pudo ver todos los reinos y su gloria en la Tierra? —sugirió el doctor Thomas.

—Sí. Sin embargo, ese lugar no era un lugar físico, sino metafórico.

—Vencer la ambición de poder no es tan difícil... ¡No soy ambicioso! —señaló Michael.

—Yo también pienso lo mismo —afirmó el doctor Alberto.

Ambos estaban sentados frente a Marco Polo. De repente, el psiquiatra tomó un trago de agua y lo escupió en la cara de Michael y del doctor Alberto. Inmediatamente gritó:

—¡Qué débiles son ustedes!

Todos los que vieron la escena quedaron consternados. Y Michael y el doctor Alberto tuvieron un ataque de rabia.

—¿Estás loco, Marco Polo? —vociferó Michael de pie.

—¿Esta mesa redonda te ha trastornado? —dijo en voz alta el ponderado teólogo del Vaticano.

—¡Qué hipócritas son ustedes! Desde el comienzo me quieren sabotear —continuó atacando Marco Polo.

Todos estaban escandalizados. Los dos agredidos bufaban de ansiedad. El corazón parecía estar a punto de salírseles por la boca. Enseguida Marco Polo se sentó y pidió disculpas a sus dos amigos.

—Discúlpenme. Pero, por favor, díganme honestamente: ¿qué sintieron respecto a esta prueba?

—¿Qué? ¿Esto fue una prueba? —preguntó el teólogo estadunidense, pasmado.

—¿Estás jugando conmigo? ¿Probando mi autocontrol? —preguntó Michael, tembloroso.

—Pues sí. ¿Sintieron rabia y ganas de atacarme?

Ambos dijeron que sí.

—La necesidad neurótica de poder no sólo ocurre cuando ambicionamos descontroladamente el poder que no tenemos, sino también cuando ejercemos sin control el poder que ya tenemos.

Si sintieron ganas de agredirme en este ambiente regulado, a mí que soy su amigo, imaginen un ambiente abierto y frente a desconocidos.

—¿A dónde quieres llegar? —cuestionó Sofía, perpleja.

—Lucas indicó que Jesús, después del estrés físico extremo, fue probado para ambicionar el poder y usarlo de forma desmedida en cada oportunidad.

—¡Qué prueba increíble! —confirmó el doctor Alberto.

—Los hombres venden su alma por causa del poder, se corrompen, abandonan sus principios, destruyen su ética, se matan, controlan a sus semejantes y fomentan guerras. Tal vez ese no sea su problema, doctor Alberto. Pero, si usted tuviera muchísimo poder y fuera agredido en su punto sensible, no pensaría dos veces antes de usarlo.

—Estoy pasmado por mi reacción. El hombre al que yo sigo era completamente indiferente al poder.

—Las Cruzadas, la Inquisición y tantos comportamientos agresivos indican que, en determinados momentos de la historia, se construyó un Cristo a imagen y semejanza del egocentrismo de sus líderes —comentó Sofía.

—El mes pasado despedí a mi asistente sólo porque me confrontó frente a otros dos científicos. Fui egocéntrico —confesó Michael honestamente.

Después de ese episodio, Marco Polo comentó algo sorprendente:

—El biógrafo de Jesús señala que él tenía la capacidad de seducir pueblos y reinos y dominarlos. Señala, en otras palabras, que "él tendría todos los reinos de la Tierra si, vencido, adorara su propio poder". ¡Tendría al alcance lo que ningún César jamás tuvo!

—¿Fue probado en el infierno del hambre y en la gloria de las naciones? —indagó Michael.

—Parece una exageración considerar que él tuviera la capacidad de dominar reinos —comentó Sofía.

—Es verdad. Incluso analicé los comportamientos de Jesús en los momentos finales de su vida. Él reaccionaba como un noble, no como un preso. Pilatos parecía una criatura delante de él. Herodes Antipas se sintió como un niño, asombrado por sus reacciones.

—Eso es notable —dijo el doctor Thomas—. ¿Será verdad lo que Lucas dice? Si usara todas sus habilidades físicas y mentales, ¿conquistaría como hombre el poder supremo en la Tierra?

—Pero si yo viniera a cambiar el destino de la humanidad, jamás dejaría de usar el poder, si lo tuviera —comentó Michael.

—Nadie en su sana conciencia dejaría de usarlo, Michael. Pero el hombre más misterioso y complejo que pasó por esta Tierra, lo hizo —declaró Marco Polo. Y finalizó—: Para terminar el debate de hoy, su tercera prueba fue la religiosa. Cuando fue elevado al pináculo del templo. Pero no voy a gastar tiempo con eso...

—¿Por qué? ¿Está diciendo que Jesús tendría capacidad de asumir el control de todas las religiones? —cuestionó el doctor Alberto.

El teólogo estadunidense tomó la palabra:

—El texto al que el doctor Marco Polo se refiere dice que él podría tirarse del pináculo del templo, que simbolizaría a las más diversas religiones, y sería salvado milagrosamente. Lo que indica que, si usara su inteligencia y sus milagros con el fin de autopromoverse, podría seducir a todas las religiones y liderarlas. Por tratarse de hechos sobrenaturales, Marco Polo se rehusó a abordar esa faceta en particular.

—Usted entiende —dijo Marco Polo sin hacer más comentarios.

Pero, por increíble que parezca, el propio Michael, que siempre fuera tan escéptico, resolvió tejer comentarios filosóficos sobre esa tesis:

—Sería fascinante si el personaje que estamos estudiando no fuera ficticio sino real: un hombre que tuviera en las manos el poder político y religioso que los líderes jamás tuvieron, y que, en sus cabales, los rechazara deseando sólo ser humano.

—Y como ser humano deseara transformar a la humanidad... Muchos de los que se adhieren a las más diversas religiones quieren ser dioses. ¡Pero Jesús tenía hambre y sed de ser humano! —argumentó el teólogo estadunidense.

—Tal vez el noventa por ciento de las personas que detentan el poder, sea del tipo que sea, son indignas de él. El poder las envenena, cierra el circuito de la memoria, aprisiona el Yo en ventanas traumáticas y asfixia su humanidad —concluyó Marco Polo.

—Sólo es digno de poder quien se inclina ante la sociedad para servirla, no quien presiona a la sociedad para que lo sirva —comentó Sofía con sabiduría.

—Aun las personas aparentemente humildes se vuelven irreconocibles cuando tienen el poder en las manos —comentó el teólogo del Vaticano.

—No pocos intelectuales dejan de pensar críticamente —aseveró Michael.

Ante eso, Marco Polo disertó:

—Muchos empleados quieren ser empresarios, muchos empresarios quieren ser políticos, muchos políticos quieren ser reyes, muchos reyes quieren ser dioses, pero, para consternación de las ciencias humanas, el único hombre que fue llamado hijo de Dios quería ser humano.

—¡Jesús proponía una revolución en la esencia de la humanidad! —concluyó Sofía.

Después de todo ese debate, Marco Polo, que era uno de los pocos investigadores mundiales que estudiaba el proceso de formación de pensadores, aseguró que la personalidad de Jesús parecía ser muy diferente a la de todos los personajes que había investigado: Abraham Lincoln, Nietzsche, Sartre, Kant, Robespierre, Freud, Einstein.

—Esperabas decepcionarte tan pronto comenzaras a analizar su inteligencia —comentó Sofía.

Marco Polo sólo negó con la cabeza.

—Yo esperaba noquearlo en el primer round, pero estoy confundido —comentó el neurocientífico ateo, Michael.

—Concluyo, con un nudo en la garganta, la siguiente tesis: nunca alguien tan grande deseó hacerse tan pequeño para convertir a los pequeños en grandes —argumentó Marco Polo, uno de los principales ateos que la ciencia había conocido.

Estupefactos, los intelectuales terminaron en silencio una sesión más de la mesa redonda. Millones de personas que presenciaban los debates entendieron que los daños a la humanidad a lo largo de la historia no fueron producidos por seres humanos, sino por aquellos que se creían dioses, que hacían guerras, aunque sean mortales; que herían, humillaban y excluían sin tener conciencia de que un día terminarían en la soledad de un sepulcro.

Había muchos líderes políticos y religiosos presenciando los debates. Algunos querían ser dioses, pero ahora sentían la necesidad de ser lo que siempre fueron: sólo seres humanos, frágiles e imperfectos, que tarde o temprano necesitarían de un hombro para llorar y de otro donde apoyarse. De hecho, una revolución humana estaba en curso.

21

La cuarta prueba de estrés: humillación pública

Los debates generados por la mesa redonda que estudiaba a la mente de Jesús sacudían paradigmas, conceptos, dogmas y la visión de la vida de los participantes y de los espectadores.

A la mañana siguiente, después de la última sesión, Marco Polo pidió café en la habitación. Estaba sumergido en sus libros. Nunca había estado tan concentrado.

Sofía fue a desayunar con los demás huéspedes. Había un murmullo en el inmenso comedor, pero ella parecía no oír nada. El conocimiento que estaba adquiriendo cambiaba su manera de ser y de pensar. Revisaba los capítulos de su historia, reescribía sus conflictos, nutría su valor.

Michael tenía un sueño cada vez más agitado. Despertaba asustado. Su esposa no entendía lo que le estaba sucediendo. Rígido, cartesiano, excesivamente crítico, en su comportamiento ocurrían algunas transformaciones. La mañana posterior al análisis de las pruebas de estrés del hombre más famoso de la historia, su clase para el posgrado en medicina fue diferente.

—No ganan nada con toda esa palabrería, hablando de lo que no entienden. El objetivo en mis clases es, en primer lugar, transformarlos en seres humanos autónomos, gestores de sus mentes. No conseguirán brillar profesionalmente si antes no brillan dentro de sí.

—¿Que seamos gestores de nuestra mente? Usted nunca nos dijo eso antes. doctor Michael, ¿qué mosquito le picó? —preguntó una joven médica, sorprendida.

—El mosquito de la inteligencia. La vida es un gran riesgo. Vence quien es resiliente, quien renuncia a las ambiciones tontas y se prepara mínimamente para las vueltas imprevisibles de la existencia.

Los alumnos cruzaron miradas, asombrados. Viendo que estaban intrigados, Michael bromeó:

—Gracias por los aplausos.

El grupo, sonriendo, lo aplaudió. Michael tenía un humor ácido, pero estaba aprendiendo el arte de ser simpático.

El doctor Thomas y el doctor Alberto, a su vez, también eran inundados por una ola de pensamientos. Jamás imaginaron que el hombre al que amaban y consideraban el "Hijo de Dios" viviera las más increíbles pruebas de estrés como ser humano.

—Alberto, si Jesús hubiera conservado su memoria, nunca podría haber imaginado que el útero de María fuera una cárcel inimaginable.

—Es verdad, amigo mío. ¿Y su infancia? Si durante su niñez el hijo del Altísimo preservó su memoria atemporal, si no tuvo una amnesia hasta su encuentro con Juan Bautista, entonces, pasó por pruebas increíbles. Si no se hubiera sumergido en las aguas profundas de la paciencia y de la tolerancia, no lo habría soportado. ¿Y quién tiene paciencia en esta sociedad de hoy en la que todo es urgente? —afirmó el doctor Thomas.

Enseguida el doctor Alberto comentó los últimos análisis del debate:

—Lo que me deja más sorprendido es que las pruebas más importantes a las que Jesucristo fue sometido, ocurrieron antes de que él diera la cara al mundo e iniciara su proyecto. Nunca había pensado que la cruz fuera apenas la "cereza del pastel" en su inmenso sacrificio por la humanidad.

—Él atravesó los valles sórdidos del agotamiento físico, mental y social —dijo el doctor Thomas—. ¿Quién podría amar las bambalinas del teatro si puede ser aplaudido en el escenario como actor principal?

De ese modo, los debatientes irrumpían en un cúmulo de reflexiones y diálogos sobre cada una de las sesiones nocturnas de la mesa redonda.

En la sesión siguiente, Marco Polo comentó:

—Jesús no tenía nada ni a nadie. Estaba físicamente en el caos, mentalmente hecho polvo, socialmente fragmentado, pero, como vimos, se rehusó a usar su inteligencia para conquistar a los reinos de la Tierra y al poder religioso. ¿Quién renunciaría al poder máximo si lo tuviera? ¿Tú renunciarías, Michael?

—Yo... no soy una persona ambiciosa —afirmó Michael.

—¿No? ¿Cómo te sentiste cuando perdiste la elección para la jefatura del departamento de la universidad?

—Fui traicionado, Marco Polo. ¡Traicionado! —dijo, golpeando la mesa, pero luego cayó en sí.

—Somos tan humildes que tenemos orgullo de ser humildes —enfatizó el psiquiatra.

—¿Me estás diciendo hipócrita? —preguntó Michael, ansioso.

—Ser hipócrita significa disimular, disfrazar, representar. Todos somos hipócritas, ¡por lo menos al disfrazar nuestros sentimientos delante de los que amamos! Yo lo soy. Y tú, ¿no lo eres también de vez en cuando? —preguntó Marco Polo a su amigo.

—Sí —confesó Michael.

—Jesús vino para transformar a la humanidad, pero rechazó los medios tradicionales: las críticas excesivas, la intimidación, el tono de voz elevado, los sermones, el castigo —afirmó el doctor Thomas con astucia.

—¡El riesgo de ese método innovador era enorme! Era un nuevo lenguaje, un proceso distinto, un proyecto diferente —ponderó Marco Polo, otra vez.

Y Michael aprovechó para cuestionar a los miembros de la mesa:

—Supongamos que el padre de Jesús fuera de verdad el Creador, el inspirador del Big Bang y el controlador de los eventos físicos, ¿no estaría el hijo dolido con su padre por todas las pruebas de estrés a las que fue sometido?

—Jesús debería tener la más perfecta humanidad, por eso pasó por las más dramáticas pruebas. Él era el prototipo de un nuevo hombre —afirmó el doctor Thomas.

—Interesante. Usted tiene respuestas para todo... —dijo Michael. Después volcó su artillería contra ellos—: Ustedes, teólogos, ¿nunca se enojaron con el Dios en el que creen? ¿O la vida de los cristianos es una vida entre nubes de algodón?

Se les hizo un nudo en la garganta. El doctor Alberto resolvió abrir su corazón:

—Lo confieso: ya estuve dolido con Dios —el doctor Alberto

hablaba, mientras viajaba en el tiempo—: Mi madre murió cuando yo tenía nueve años. Antes de que cerrara sus ojos, ella me dijo: “Dios va a cuidar de ti, Alberto. Puedes estar seguro”. Pero no me cuidó, por lo menos a mis ojos. Mi padre me abandonó a los once años. “¿Papá, a dónde vas?”, le dije entre lágrimas, percibiendo algo extraño. Él me dijo: “Voy a hacer un viaje, pero luego regresaré”. Pero se casó con otra mujer y nunca más volvió. Tuve que lavar baños fétidos de restaurantes para sobrevivir. Dos años después, el hermano al que más amaba fue atropellado y murió. Culpaba a Dios por mis desgracias. Pero mientras más lo rechazaba, más me sentía atraído por conocerlo. Deseaba ayudar a la humanidad. Finalmente, me decidí por la orden de los franciscanos. Ahora soy feliz —dijo enjugándose los ojos.

A Michael lo sorprendió esta respuesta. Nunca había visto tanta transparencia. Él creía que todos estos religiosos eran superficiales, que no pensaban, no meditaban sobre la vida, no tenían un raciocinio existencial complejo. En sus prejuicios ateístas, ellos se habían adherido a sus religiones por considerarse personas frágiles. Pero ahora los veía como hombres muy fuertes. Y su perplejidad fue más profunda cuando el doctor Thomas decidió hablar:

—También yo tuve mis tristezas contra Dios. Cinco años serví a los pobres en África subsahariana. Todos los días daba lo mejor de mí. Frecuentemente sepultaba niños y niñas muertos por inanición, diarrea o deshidratación. Yo moría por dentro en cada entierro. De pronto, contraje una meningitis. Lo que me mataba no era la meningitis, sino saber que no podía salvar a los pequeños. Debilitado, reproducía preguntas en mi mente: “Dios, ¿qué sentido tiene estar en este hospital si no puedo salvar a este pequeño de la deshidratación? ¿Dónde estás?" —contó, emocionado.

A Marco Polo lo dejaron intrigados estos relatos. Tenso, dijo:

—¿No tuvo ganas de arrojar todo y gritar: "¡Dios, tú no existes!"?

—Si yo dejara de creer en Dios, moriría mi esperanza de que un día los niños del África subsahariana muertos por el hambre sonrieran en la eternidad. Si considerara a Dios una utopía, terminaría mi sueño de que todo dolor será aliviado, de que toda injusticia humana será reparada. Los dictadores vencerán, los violentos serán los héroes. El *Magníficat* de María no será cumplido —dijo el teólogo estadunidense.

—Pero... pero... —expresó Michael, perplejo y sin poder moverse—. ¡Pero, si Dios es real, es indolente en la actualidad!

—Tú no crees en Dios a causa de su silencio en la actualidad, mientras yo creo en Dios a causa de su acción en la eternidad —rebatió el teólogo del Vaticano.

Los dos ateos, Marco Polo y Michael, estaban en el lado opuesto al de los dos teólogos pero, por primera vez y de forma realmente profunda, admiraron la inteligencia de sus argumentos.

—Para mí, Dios no es indolente en la actualidad. Él da la tinta y el papel, pero nosotros escribimos nuestra historia... —afirmó Sofía con sabiduría. Y acordándose de un debate anterior, concluyó—: Parece que la gran meta de Jesús era humanizar al ser humano.

Marco Polo comentó que en todas las religiones —budismo, islamismo, brahmanismo— siempre existieron los apóstoles de la paz, que llevaron a cabo la difícil tarea de dominar sus instintos y evitar el autoritarismo.

—Cuanto más éxito tiene un ser humano, más dificultad tendrá para soportar frustraciones. Algunos, tolerantes al principio de su carrera, se volverán implacables cuando suban al podio. No aceptarán ser mínimamente contrariados. Y fue justo en esa área que se dio la cuarta y más aguda prueba de estrés que Jesús atravesó —afirmó Marco Polo.

—No recuerdo otra prueba —afirmó el doctor Thomas, curioso. Todos quedaron impresionados cuando Marco Polo discurrió sobre aquello que evaluaría a las otras pruebas a las que Jesús fue sometido. Aquella sería, por lo tanto, la prueba de las pruebas, que podría llevarlo a arrepentirse de rechazar todo el inmenso poder que supuestamente tenía.

—¿Qué prueba fue ésa? —preguntó Michael, sin disfrazar su curiosidad.

—La prueba de la humillación social.

Marco Polo comentó que, después de haber salido victorioso de la prueba de agotamiento físico y mental, así como la de superar la ambición del poder político y religioso, era necesario descansar, ser aplaudido socialmente y aclamado espiritualmente. Pero nada de eso ocurrió. Él salió de las sombras de una vida anónima para llevar su mensaje a la región en la que creció.

—Ahora entiendo. Al asumirse como libertador del pueblo, fue rechazado por sus amigos, excluido por la sociedad y excomulgado por los líderes religiosos —comentó el doctor Thomas.

Después de ganar el Oscar como mejor actor y mejor director en los cuarenta días en el desierto, el carpintero de Nazaret fue abucheado en su propia casa. Cuando iba a llevarse todos los premios, fue desprestigiado y rechazado. Ya no era suficiente esculpir la madera, tenía que tallar una obra maestra en la emoción para no traumatizarse...

Todos estaban impresionados por la exposición de Marco Polo. Él lanzó una pregunta a sus amigos de la mesa redonda y después a todo el auditorio que se apiñaba en la sala:

—¿Quién nos traiciona: los amigos o los enemigos?

El público estaba dividido.

—¡Los amigos son los que nos traicionan! —señaló Marco Polo con claridad—. Los enemigos sólo nos aborrecen. Sólo los amigos, aquellos en los que apostamos lo mejor que tenemos, pueden apuñalarnos por la espalda.

Después de algunas discusiones, él preguntó nuevamente:

—¿Por qué Jesús les dijo: "¡Médico, cúrate a ti mismo!" a sus amigos colegas de Nazaret?

—Se estaba refiriendo a un proverbio que retrataría su prisión y crucifixión —afirmó el doctor Alberto.

—Es mucho más que eso, doctor Alberto. Él estaba administrando su emoción. Estaba educando sus emociones para no decepcionarse de sus amigos y de los líderes sociales.

—¿Cómo dices? —preguntó Michael, interesado.

—Jesús usó dos técnicas modernas de protección emocional: la primera, entregarse sin exigir nada de los demás, disminuyendo la expectativa de retorno; la segunda, no pedir de los otros lo que no pueden dar. Podrían decirle: "Tú ayudaste a muchos, pero eres incapaz de ayudarte a ti mismo. ¡Hereje! ¡Falso! ¡Impostor! ¡Cúrate a ti mismo!". Al prever esos estímulos altamente estresantes, él administró su emoción y, en consecuencia, no permitió que ésta se llenara de inmundicias. ¿Ustedes saben proteger sus emociones?

—Estoy pasmado por la personalidad de ese hombre. Yo espero un retorno excesivo por parte de mis dos hijos, de mi esposa y mis colegas. Vendo mi paz a un precio vil. Al inicio de mi carrera en la medicina, era tolerante y paciente. Ahora, a pesar de estar en el ápice de mi estatus profesional, soy demasiado exigente con todo y con todos. ¡Ni yo me soporto! Tengo nula protección emocional. ¡Mi tejido cerebral está lleno de frustraciones! —confesó un médico que asistía al debate.

La mesa redonda dejó de estar constituida por cinco personas e involucró a todo el público. Ese debate multifacético era incontrolable.

Michael conocía a ese médico. Sabía de su fama. Motivado por él, tuvo también, el valor de declarar:

—Siempre hice de mis emociones un cúmulo de despojos. Soy especialista en exigir demasiado a los otros. Algunas personas me evitan en los corredores y en el salón de los profesores.

—Quien exige demasiado a los otros es apto para trabajar en una institución financiera, no necesariamente para tener bellas historias de amor —comentó Marco Polo, arrancando carcajadas del auditorio. Pero, en el fondo, el caso estaba para llorar...

Después de eso el científico comentó algunos secretos importantes del funcionamiento de la mente. Marco Polo dijo, que usando las computadoras somos como dioses, archivamos y borramos todo lo que deseamos. Pero en la mente humana eso es imposible. Todo lo que detestamos está registrado de una manera privilegiada.

—Si ustedes desprecian a alguien, lo siento mucho, pero esa persona va a dormir con ustedes y a perturbar su sueño —nuevamente los participantes se rieron. Las técnicas que usaban los hacían dormir con los enemigos. Y Marco Polo agregó—: Jesús, de forma inteligentísima, al disminuir la expectativa del retorno y no actuar cómo un acreedor, prevenía la formación de ventanas traumáticas y conservaba su salud emocional en sus pruebas de estrés social.

Marco Polo aún explicó que no era posible borrar los archivos enfermos, a no ser mediante daños cerebrales, como traumatismo craneoencefálico o degeneración del tejido, como ocurre en el mal de Alzheimer. Enseguida, dijo que la emoción jamás puede controlarse a sí misma.

—La emoción no puede tener una tarjeta de crédito ilimitado. La emoción da sentido a la vida, pero no puede controlar a la mente, no puede adquirir lo que no le pertenece. En caso contrario, una cucaracha se transformará en un dinosaurio, una crítica generará un enemigo, una humillación pública provocará un sentimiento de venganza o complejo de inferioridad. Sin gestión de las emociones, reitero, el cielo y el infierno psíquicos están muy próximos.

Todos quedaron muy satisfechos con la exposición de Marco Polo. Una señora que estaba entre el público, profesora de sociología, estaba tan conmovida por lo que escuchó, que se levantó y dijo:

—Doctor Marco Polo, soy socióloga y profesora universitaria desde hace veinticinco años y nunca pensé que los conflictos sociales, como guerras, homicidios, violencia en las escuelas, acoso moral en las empresas, tuvieran entre sus grandes causas la falta de administración emocional. Eso es tan nuevo cómo revolucionario. El agresor tiene metafóricamente una tarjeta de crédito ilimitado, no soporta ser contrariado, y por lo que entendí, el agredido también, pues adquiere irresponsablemente lo que no le pertenece.

Marco Polo se levantó y la aplaudió públicamente. Las demás personas lo acompañaron. Los misterios que rodeaban al personaje más famoso de la historia inspiraban mentes. Sofía, emocionada, concluyó:

—Las herramientas que Jesús usó son tan poderosas que pueden prevenir desde el estrés hasta ciertos tipos de depresión. Pero es una pena constatar que las universidades fueron negligentes al no estudiar a Jesús bajo las bases científicas. Él no sufría por adelantado ni especulaba sobre pérdidas y frustraciones. Él pensaba estratégicamente en el futuro y se preparaba para soportar lo insoportable —comentó Sofía.

—Su índice GEEI era bajísimo. No gastaba energía emocional inútil —afirmó el teólogo del Vaticano.

—Los textos de Lucas indican que Jesús era muy sociable. Era letrado, leía con frecuencia los textos publicados. Había una distancia muy grande entre ser querido por sus semejantes y ser aceptado como el líder esperado durante siglos— comentó Marco Polo.

—Creer que un simple carpintero, que creció con ellos cambiaría el mundo, no cabía en su imaginario —comentó Sofía.

—Exactamente, Sofía —confirmó Marco Polo. Y después concluyó de forma impactante—: Tal vez Jesús haya sido el personaje que más fue probado en su autocontrol. Él era libre, podría decidir si callar, irse o usar su supuesto poder para controlar y fascinar a sus enemigos, pero se portó como un simple ser humano. No quería probar nada ante nadie. ¿Quién de ustedes renunciaría a su poder siendo humillado? —cuestionó Marco Polo.

—Sinceramente, yo no renunciaría —respondió Michael—. Muchos intelectuales aman debatir ideas, pero tienen la necesidad neurótica de controlar a los otros.

—No son pocos los religiosos que nunca van a admitir que su autoridad sea cuestionada por sus feligreses. Aman los aplausos, pero excluyen a sus críticos —afirmó el doctor Alberto.

—Incluso, para horror de la sociología, Jesús trató a sus opositores con flores. Fueran críticos, prostitutas, nadie estaba fuera de sus intereses —concluyó Marco Polo.

—Todo ello indica que el hombre más famoso de todos los tiempos, el único cuyo aniversario se recuerda globalmente, no fue conocido por su especialidad más notable: ser gestor de la emoción y escribir poesía en el caos... —concluyó Sofía.

El debate producía un material efervescente, saturado de emociones, aventuras y solemnes toques de inteligencia. No obstante, cuando iban a cerrar una sesión más, Marco Polo dejó pensativos a todos con sus palabras finales.

—Yo estudio el proceso de formación de pensadores, pero la inteligencia de Jesús es tan compleja que me siento impresionado. Un hombre examinado con esas incisivas exigencias y que pasó con honores todas las pruebas, debía tener una mente superdotada, una genialidad sin medida.

No obstante, es posible inferir que la mayor de todas las pruebas por la que Jesús pasó no fue visible o perceptible, como el agotamiento físico, la ambición política, la necesidad neurótica de controlar a los otros o incluso la humillación pública, sino invisible.

—No estoy entendiendo, Marco Polo —dijo Sofía, asombrada.

—Mucho menos yo... ¿Es otra prueba? —indagó el doctor Thomas, desconfiado.

Marco Polo sólo respondió:

—Treinta años analizando la mente humana... Treinta años evaluando los fantasmas emocionales que nos atemorizan... Treinta años escudriñando los conflictos sociales... Jesús se sometió al más riguroso examen de paciencia. Por otro lado, nosotros, que vivimos en esta sociedad urgente, fallamos. Nuestro teléfono se paraliza un minuto y nos estresamos, ¿no es cierto?

—Increíble —concordó el doctor Alberto.

—¿No fue él a la India? ¿A Grecia? ¿No visitó a los sabios de Egipto? —preguntó Michael.

—Nadie sabe —intervino Marco Polo—. Pero tal vez no haya ido a ningún lugar. Tal vez estuviera administrando su emoción en la región de Nazaret. Treinta años preparándose para esculpir la mente humana... Treinta años para manifestarse ante el mundo... Treinta años de paciencia... ¿Quién tendría ese autocontrol?

De ese modo, todos los que escucharon sus palabras salieron pensativos al dejar el debate. Tenían muchas dudas, pero al mismo tiempo estaban sujetos a la idea de que el hombre más famoso de la historia también era el menos conocido por la humanidad...

22

El inconsciente de los debatientes

Dos mil años antes: mis amigos, mis verdugos

Muchos en el río Jordán estaban impresionados por la reverencia de Juan a Jesús; él, que acostumbraba a ser implacable con los políticos y fariseos. El hombre que no tenía pelos en la lengua se arrodilló a los pies de un ser humano sencillo, de vestido rústico, de origen humilde. Ése era el tema de la charla entre los espectadores en el camino de regreso a casa.

—¿Cómo puede Juan exaltar a aquel nazareno? ¿Es posible que esté equivocado? —dijo un discípulo intrigado.

—No es posible. Juan es incisivo como un cuchillo de dos filos. Dijo lo que guardaba durante años. Yo conozco al carpintero Jesús.

—¿Tú lo conoces? ¿Convivieron? ¿Jugaron juntos? Un hombre de ese oficio y con ese origen no puede ser el Mesías.

—No, pero se lo aseguro: muchas veces, cuando él hablaba, algo se incendiaba en nuestra mente. En los tumultos, él siempre mantenía la calma. Lo que él tenía lo daba como si no fuera suyo. Era el primero en ayudar a la comunidad, el más hábil en resolver conflictos de forma pacífica.

—Uy, no parece.

—Él es un experto en aparecer, ayudar y en seguida desaparecer. Yo gané aplausos por soluciones que él dio...

—Interesante.

—Pero tengo un temor. Los ministros de la ciudad se escandalizaron cuando supieron su identidad.

Poco después, el amigo de Jesús lo encontró en la entrada de Nazaret.

—La primavera llegó. Es tiempo de hablar del reino de mi padre.

Al amigo le dieron escalofríos.

—Soy tu amigo, Jesús. Aprendí mucho contigo todos estos años. Pero es mejor que te vayas. Los líderes entrarán en pánico cuando abras la boca.

—No puedo irme ahora —dijo Jesús.

—Por favor, entonces, guarda silencio —pidió su amigo.

—Si yo me callara, las piedras hablarán.

—Por amor a tu vida, sé discreto.

—¿No percibiste que en todos estos años siempre fui discreto? Es tiempo de hablar sobre quién soy y por qué estoy en el seno de la humanidad.

—Pero los líderes indagarían: "Conocemos a sus padres, ¿cómo puede declararse el Mesías? ¡Imposible! ¡Herejía!".

—En primer lugar, soy hijo del hombre, hijo de la humanidad —declaró Jesús, utilizando una expresión que usaría con frecuencia.

Al día siguiente fueron a la sinagoga. Y Jesús como siempre leyó un texto. Pero esta vez, después de su dramática prueba de estrés, tomó los pergaminos del profeta Isaías y no los leyó en la secuencia del libro. Buscó una parte del texto en que él creía que había una parte de su biografía, aunque escrita muchos siglos antes de su nacimiento.

—El Espíritu del Señor está sobre mí, por cuanto me ha ungido para dar buenas nuevas a los pobres. Me ha enviado para sanar a los quebrantados de corazón, para predicar libertad a los cautivos, para restaurar la vista a los ciegos y para poner en libertad a los encarcelados.

Todos estaban fascinados con sus palabras. Su padre y su madre oyeron su discurso satisfechos. Debía callar, pero he aquí que sobresaltó a todos. Tuvo la osadía de decir:

—Hoy se cumplió esta Escritura en mí...

La reacción fue inmediata.

—¿No es ése el hijo de José? —decían atónitos.

Otros miraban a su madre y decían:

—¿Qué herejía es ésa? Su hijo se atribuye el poder de ser el Mesías, el libertador de la nación. ¡Pide a tu hijo que se calle!

María y José se quedaron sin palabras y comenzaron a entender lo que les aguardaba. María se acordó de que una espada atravesaría su alma. Y en aquel momento comenzó a herirla. Jesús, observando la perplejidad de los amigos, parientes y miembros de la ciudad, usó un pensamiento muy conocido para relatar el veneno de la discriminación:

—En verdad les digo que ningún profeta es bien recibido en su patria.

A medida que señalaba los errores humanos, incluso la falta

de generosidad de los nazarenos, ellos se enfurecían. Su madre y su padre lloraban. Días antes, él le dijo a su madre: "Llegó la hora, madre mía. Yo te amo muchísimo, pero de ahora en adelante me entregaré a la humanidad. Acuérdate de que tú fuiste elegida para recibirme. No te consideres como mi madre, sino como la bienaventurada, la mujer entre las mujeres. Si te reconoces como mi madre, vas a sufrir muchísimo".

Pero, para María, era imposible separar las cosas.

"Yo te amo hasta lo impensable, pero seguiré tu consejo, hijo mío", dijo ella, aprensiva. "Mujer, ésta será la señal que tú deberás recordar siempre".

El hombre que más fue puesto a prueba en la historia probaba ahora el corazón de las personas, hablando convencido sobre su designio. Sus amigos lo amaban, pero abandonaron el cielo de la admiración para ir al infierno del rechazo.

Muchos le dieron la espalda a Jesús.

Y en un estallido de furia, las personas lo arrastraron centenas de metros y lo llevaron a lo alto de un monte. Allá, le gritaban:

—¡Niega lo que dijiste!

—No puedo negar lo que soy.

—Tú eres un simple carpintero.

—¡Soy un carpintero del espíritu y de la mente humana también!

Su madre clamaba llorando:

—Hijo, mi hijo querido. ¡Suéltenlo!

—¡Cállese! —le dijo un religioso groseramente—. Un joven que creció y trabajó entre nosotros proclamándose como el Mesías ¡es inaceptable!

Y aparentemente era de verdad inaceptable. Por eso Jesús

siempre daba una oportunidad a las personas. No les exigía lo que no podían dar. No pedía nada, ni siquiera de sus amigos. Lo aventarían del peñasco. Jesús moriría precozmente, sus huesos serían quebrados, su cabeza sufriría traumatismos. Sería su fin...

En aquel momento exacto, el doctor Thomas despertó asustado. Había soñado con esos acontecimientos. La última prueba de estrés de Jesús lo trastornó tanto que su inconsciente lo llevó a sumergirse en el pasado. Se había quedado sin aire. Súbitamente, abrió el libro de Lucas y fue hasta el pasaje en que Jesús estaba por ser lanzado del peñasco y lo leyó. Pero, en el exacto momento de su muerte, algo extraño sucedió. Jesús vio a los ojos a sus verdugos y, penetrando su mente, ellos le abrieron paso. Jesús caminó entre ellos como el aire que fluye entre los dedos.

Un líder todopoderoso

Era el primer siglo de esta era, año 32. El emperador romano Tiberio César, los senadores y los grandes generales de Roma estaban reunidos en la sala del trono, todos perplejos ante un personaje que los magnetizaba con su sabiduría, seguridad y estrategias.

—¿Qué fue lo que hiciste conmigo? —preguntó Tiberio, aturdido.

—Nada que no estuviera dentro del propio César —comentó el hombre que lo había puesto en una situación desconcertante, fascinándolo.

—Nunca imaginé que un judío sería capaz de entrar en nuestro nido, en la élite de los romanos, y dejarnos atónitos —afirmó el emperador.

Tiberio había nacido en 42 a. C. Su madre se divorció de su padre para casarse con Octaviano, el futuro Augusto, que lideraría el imperio con aspiraciones divinas. Fue adoptado oficialmente en el año 4 d. C. En septiembre del año 14, se convirtió en el segundo de la dinastía Julio-Claudia, sucediendo a Augusto, su padrastro. Después de relatar su asombro por el personaje que lo impactaba, indagó:

—¿Quién eres tú?

—¡Soy quien soy! —respondió el intruso con determinación y misterio.

En otras situaciones, una respuesta tan vaga sería un sacrilegio castigado con la muerte. Pero el intruso los dejaba perplejos, sus gestos eran sorprendentes, sus palabras eran penetrantes. Tiberio, los senadores y los generales parecían niños delante de un genio.

—Soy un hombre de edad avanzada, estoy cansado de guerras, aunque mis campañas en Panonia, Germania y Recia hayan sido exitosas.

—Las armas dominan el cuerpo, pero sólo el conocimiento domina la mente. Los fuertes usan la inteligencia para gobernar, los frágiles no tienen otra alternativa que no sean las armas. Este imperio se fragmentará en mil pedazos —dijo el misterioso personaje.

—Soy un hombre angustiado. Fui llamado "*tristissimus hominum*", el más triste de los hombres, por el viejo Plinio. Entre tanto, tú penetras en mi cabeza como el aire en mis pulmones. Tus palabras expelen alerta y ánimo. El imperio necesita de un nuevo *modus operandi*.

—¿De dónde viene todo ese conocimiento? —indagó el senador Livio al protagonista—. ¿De los griegos?

—Ya les dije. ¡Vengo de las entrañas de lo que soy!

—Nunca vi tal habilidad estratégica en un hombre tan joven —dijo Germánico, el gran general romano.

—El tiempo no es el único ingrediente de la experiencia, general. Soy el Maestro de maestros —afirmó el intruso.

—Mi trono está destinado a mi dinastía —comentó Tiberio César—. Pero, por el bien del imperio, puedo reconsiderar mi proyecto político.

—¿Pero y Calígula y Tiberio Neto? —preguntó el senador Marco Tulio.

—Es tiempo de cambios, senadores. Si este hombre llamado Jesús lo desea, él será el César entre los Césares —dijo, citando su nombre. Y finalizó—: Una nueva orden, un nuevo vínculo, una nueva política se instalará en el seno del imperio romano.

Los senadores y los generales estaban confundidos por la actitud de Tiberio, pero él estaba tan resuelto que uno a uno comenzó a aplaudir su decisión.

—¡César! ¡César! ¡César! —clamó la élite romana.

Sin embargo, el enigmático personaje apenas sonrió. Y, en una actitud valiente, le dio la espalda al máximo poder del mundo. Abrió su boca, dejándolos todavía más asombrados de lo que estaban:

—Soy un viajante del tiempo, emperador y señores. Si supieran el poder que ya tuve, quedarían sorprendidos. Vine de muy lejos en busca del corazón humano, no del trono político.

Pasmado por el rechazo al trono, el emperador mostró su indignación:

—¿Cómo te rehúsas a asumir el imperio? Por el poder se traiciona, se corrompe y se mata.

—¡Mi cetro se llama libertad! No quiero siervos, sino amigos.

En ese momento, el asesor que lo acompañaba trató de disuadirlo desesperadamente.

—Jesús, maestro, conozco tu mensaje y tu proyecto de vida —le dijo—. ¿Estás seguro?

—¡Sí! ¿Por qué haces las cosas tan difíciles? Si asumieras el imperio y dominaras otros reinos, serías el señor de la Tierra, tu designio ganará fortaleza rápidamente en todo el mundo.

—¡¿No escuchaste que quiero una transformación de adentro hacia afuera?! —expresó el Maestro entre los maestros.

—Yo entiendo. Pero enviar a un grupo de galileos para proclamar tu mensaje y revisar los intereses de la humanidad será un camino accidentado y arriesgadísimo.

—Pero ése es el modo correcto —comentó el Maestro con simplicidad.

—¡Pero será muy lento! Si escucharas a Tiberio, tus palabras se propagarían como llamas sobre la paja del campo.

—Las cosas más importantes y más bellas no pueden hacerse con prisa... No se estira la personalidad de un hijo, es necesario formarla. Y, además de eso, el amor y el poder no van tomados de la mano —dijo el Maestro para concluir—: El poder compra aduladores, pero no amigos. El poder compra la cama, pero no el descanso. El poder compra el mundo, pero jamás el amor...

Después de una breve pausa, Jesús miró al emperador y finalizó diciendo:

—Tengo un poder inimaginable. Pero soy un caminante del tiempo. Estoy en busca de lo que el poder no puede comprar...

Trastornado, el amigo lloriqueó y lo previno:

—Pero, Maestro, tú serás rechazado por tus amigos, descalificado por los acaudalados, considerado hereje por los religiosos y finalmente serás tratado como... como...

—¡El mayor criminal de Roma! El amor exige sacrificios.

—Pero tus discípulos serán lanzados a las fieras, morirán por la espada de los gladiadores, serán considerados la escoria del mundo...

—Lloraré sus lágrimas con ellos. A los que me siguieron, no les prometí cielos sin tempestades, sino fuerza en la tormenta. No les prometí aplausos en el trayecto, sino valor para soportar los abucheos y la habilidad para escribir episodios nobles en los días dramáticos...

El emperador Tiberio tuvo envidia de su sabiduría. Pero, mientras escuchaba como rehusaba aun delante de sus súplicas, cambió su disposición:

—¡Echen a ese ingrato a las fieras! ¡Y también a su discípulo que no pudo disuadirlo de rechazar el poder de Roma! —entonces los apresaron y llevaron para servir de alimento para los grandes felinos. Al ser colocados en la arena, tres leones los atacaron.

El doctor Alberto dio un grito ensordecedor. Ahora le tocó a él despertar asustado. Se levantó de la cama temblando. En su sueño, él era el asesor de Jesús, era él quién le había suplicado que se convirtiera en el César de los Césares para facilitar la divulgación solemne de su designio, de su mensaje...

23

Marco Polo pierde a quien más ama

El primer psiquiatra e investigador que resolvió analizar la inteligencia de Jesús bajo el ángulo de las ciencias humanas estaba fascinado con los resultados iniciales. Por haberse dedicado a investigar cómo hombres y mujeres rompieron la cárcel de la rutina a lo largo de la historia y se convirtieron en pensadores y productores de nuevas ideas, creía que no había mucho más que lo pudiera sorprender.

Él ya había analizado la inteligencia de Freud, Piaget, Sartre, Marx, Kant, Descartes y muchos otros pensadores. Había analizado cómo operaban el arte de la crítica y de la duda, sus comportamientos saludables y sus debilidades, sus golpes de osadía y sus retrocesos. Ahora el estudio de la mente del hombre más famoso de la historia, a quien él siempre despreciara, removía sus prejuicios, transformaba su arrogancia, expandía las posibilidades de su pensamiento.

Reinició la mesa redonda diciendo de forma abierta y espontánea:

—Al recordar los principales párrafos de la biografía de Jesús escrita por Lucas, algunos revelaron, sin miedo, sus más abrasadores momentos. Yo siempre fui sociable, pero, en lo más recóndito de mi ser, soy un hombre y un profesional solitario. Llegó mi turno de contarles el día más triste de mi vida, mi mayor prueba de estrés.

Todos quedaron impresionados por esas palabras. Michael miró a Sofía, Thomas fijó los ojos en Alberto. Millones de personas que asistían al debate por internet se quedaron inmóviles sobre la pantalla. Marco Polo era tan inteligente que parecía imbatible, distante de las miserias emocionales de los mortales. Pero llegó el momento en el que ese intelectual revelaría las lágrimas que lloró y las que nunca tuvo el valor de mostrar en el teatro de su rostro...

Contó, entonces, los momentos finales de la mujer que amaba. Sofía casi ni parpadeaba al escucharlo.

Un año antes

Anna, mi eterna enamorada, la mujer más flexible que conocí, estaba cada vez más débil. Sus crisis respiratorias aumentaban y eran horribles. Ni yo ni ella descansábamos. Estaba tan aprensivo que no dejé que ninguna enfermera durmiera con ella. Me quedé a su lado minuto a minuto en sus últimos días. A cada crisis, ella necesitaba colocarse la máscara de oxígeno rápidamente.

Viendo la preocupación indescifrable de mi amigo neumólogo, el doctor Matheus, le pregunté en voz baja para que Anna no oyera:

—¿Cuál es el siguiente paso?

—La neumonía bilateral no mejora con ningún antibiótico. Estoy desolado. El próximo paso será hacer una biopsia del pulmón asistida por video.

Pero Anna había leído sus labios.

—¿Cuándo haremos la biopsia? —preguntó.

—Ahora —dijo el doctor Matheus.

Ella se retiró la máscara y dio una respuesta positiva:

—¡No perdamos tiempo! ¡No sé si sobreviviré... pero lucharé hasta el último minuto por la vida...! —dijo la valiente psicóloga jadeando, tratando de aspirar el aire que estaba a su alrededor, pero que le parecía tan escaso.

En la actualidad, las muertes derivadas de neumonía son rarísimas, pero yo presentía que había algo mal, que sus pulmones entrarían en un estrés dramático y su corazón sufriría un colapso. Hecha la biopsia, el patólogo realizó el análisis con una solicitud de urgencia. El resultado saldría a la mañana siguiente. No logré esperar la visita de mi amigo. Lo busqué en su consultorio, que estaba dentro del mismo hospital. Ansioso, toqué a su puerta y entré.

—Matheus, ¿salió el resultado?

—Ya debe haber salido, Marco Polo. Déjame abrir mi computadora y ver mis correos electrónicos —después de consultar su bandeja de entrada, dijo—: perfecto. Ya salió...

Pero su alegría se convirtió inmediatamente en angustia. Cada segundo que tardaba en leer el diagnóstico del pulmón de Anna me parecía una década.

—¿Y entonces? ¿Es grave?

El neumólogo contrajo los músculos del rostro y bajó el tono de voz:

—Anna no tiene una infección bacteriana ni viral.

—¿Cómo dices? —indagué perplejo.

—Ella padece una grave enfermedad autoinmune: bronquiolitis obliterante.

—Nunca oí hablar de esa enfermedad pulmonar.

—Su propio organismo está atacando a sus pulmones, causando una inflamación severa, bloqueando los bronquios, impidiendo la respiración.

—¿Cuáles son las causas de esa enfermedad? —pregunté, aprensivo.

—Genéticas, emocionales, ambientales... No sabemos las causas definitivas.

—¿Cuál es la solución? ¿Es grave?

El neumólogo asintió. Yo me pasé las manos por el rostro y no conseguí contener las lágrimas:

—¿Corro el riesgo de perder a Anna?

Matheus y su esposa eran nuestros amigos. Él tuvo que ser completamente honesto:

—Aunque tú eres fuerte, desgraciadamente, sí.

—¡La vida es una balanza! Estábamos en el Caribe de vacaciones, felices de la vida, y de repente ella se desmayó y abandonamos el cielo emocional para ir al infierno psíquico! ¿Cuál es el tratamiento? —indagué, ansioso.

—Tenemos que administrarle lo más rápido posible corticoides en dosis altas para evitar la insuficiencia pulmonar. Su respiración está cediendo, lo mejor es que vaya a terapia intensiva, por si tenemos una emergencia...

El doctor Matheus no necesitó decir nada más, yo preveía lo que podría suceder. Fui a la habitación de la mujer que amaba tratando de mantener el buen humor, pero era imposible. Estaba tan abatido emocionalmente como los pulmones de Anna. Ella comprendía lo que yo no decía explícitamente.

—Ya lo sé... me estoy yendo...

—No, Anna... No. Intentaremos un tratamiento con corticoides.

Reuniendo fuerzas, me dijo:

—La muerte es una visitante inoportuna... Toca a la puerta de niños y de adultos. A veces, en el momento en que menos... tenemos tiempo para atenderla...

Nuevamente tuvo una crisis respiratoria, esta vez, intensa.

—Escoge la vida, Anna, no te rindas. Por favor, no desistas...

Ella se quitó la máscara y con mucha dificultad me dijo:

—Nadie muere... cuando... es amado por alguien...

Luego llegó el doctor Matheus y explicó con más detalle su enfermedad y la terapia con corticoides y los procedimientos.

Cuando Matheus terminó de hablar, Anna sufrió un paro cardiaco. El mundo se derrumbó a mis pies. El médico activó el timbre y mientras traían una camilla con urgencia, él le hacía compresión torácica y, en sincronía, yo le daba respiración de boca a boca.

Trabajábamos en conjunto. Después de mucho esfuerzo, el corazón de Anna volvió a latir. Ella dio un fuerte suspiro y volvió a respirar. Al ser llevada por el corredor de terapia intensiva, ocurrió otro drama: Anna tuvo otro infarto. Desesperado, tomé el desfibrilador más cercano y se lo entregué al doctor Matheus. Era horrible ver a la persona amada cerrando sus ojos a la vida.

Las descargas del desfibrilador hicieron que el sufrido corazón de Anna, agredido por la falta de oxígeno, se obstinara a latir.

Pero sus movimientos no eran vigorosos. La llevaron rápidamente a emergencias.

La agarré de la mano y le iba diciendo:

—¡Lucha! ¡Lucha por la vida! ¡Lucha por mí! ¡Lucha por Lucas!

En ese momento yo no era un psiquiatra, no era un intelectual, sino un hombre que, aunque no estaba descontrolado, era completamente infeliz. Por increíble que parezca, Anna me miró y sonrió tranquilamente, generosa. Enseguida, movió sus labios amoratados y me envió un suave beso. Fue cuando me acordé de uno de mis pensamientos: "Tarde o temprano las aguas serenas o turbulentas desaguan en el océano".

Cuando llegamos a terapia intensiva, me impidieron entrar.

—No entres, Marco Polo. Por más equilibrado que te sientas, eres un ser humano. Espera, nosotros cuidaremos de ella... —afirmó el médico de emergencias.

Me quedé afuera. El primer procedimiento fue monitorear el corazón de Anna, al mismo tiempo que le ponían suero con medicamentos. Mirando a sus colegas, el doctor Matheus preguntó:

—¿Qué piensan hacer?

El médico jefe de emergencias respondió:

—Necesitamos medicarla y disminuir su estrés físico y mental.

—¿Me van a sedar? —preguntó Anna.

Dijeron que sí.

—Y, en caso necesario, también vamos a entubarla.

—¿Coma inducido?

—¡Sólo en caso necesario! —afirmó el doctor Matheus.

—No antes de... despedirme... de Marco Polo.

—Pero, Anna... —dijo el médico.

Resuelta, miró a los ojos de los dos médicos y de los enfermeros y dijo categóricamente:

—¡No antes!

Si Anna muriera, el doctor Matheus no querría cargar ese peso en la conciencia. Miró a los ojos al médico jefe de emergencias y le pidió su autorización. Él entendió la gravedad del caso y asintió con la cabeza. Fue entonces que pude acercarme a su lecho... Y así, médicos y enfermeros presenciaron uno de los momentos más hermosos que han sucedido en terapia intensiva.

—Querida, estoy aquí...

—Fílmame... con tu teléfono... —pidió ella.

—¿Para qué?

—Plan B... Hazlo y pide que... me administren... coloquen oxígeno puro... —se expresó con dificultad.

El propio doctor Matheus se lo puso. Con eso, su energía vital mejoró. Ganando fuerzas, dijo a la cámara:

—Lucas, para mí tú eres el mejor hijo del mundo... Aun cuando cierre mis ojos, jamás te olvidaré. No tengas miedo a la vida. Sé muy feliz y sé el mejor amigo de tu padre... Bebe de su sabiduría...

Yo derramaba lágrimas mientras grababa. Después Anna respiró profundamente y envió un mensaje para su inhumano y frío padre:

—Papá, yo te perdono. Gracias por haberme tenido y cuidado de mí...

En ese momento, ella volvió a quedarse sin aire. Su corazón estaba muy abatido. El doctor Matheus volvió a administrarle oxígeno. Los médicos y enfermeros de emergencias, frecuentemente distantes, como forma de protección para soportar los sufrimientos dramáticos del ambiente, se conmovieron al oír las palabras de Anna. Algunos también lloraron...

—No digas nada más... —le supliqué.

Pero ella continuó:

—Plan A...

Elevando los brazos y bajando el teléfono, indicó que lo que hablaría ahora no necesitaba ser grabado, sólo registrado en mi memoria.

—Si no sobrevivo... cuida a Lucas con sabiduría, reinvéntate como padre. Quiero ser yo la que te dé el valor de... amar a otra mujer...

Yo sollocé. Y agregó:

—Búscala como un cazador de perlas.

—Imposible que alguien pueda sustituirte —le dije.

—Para la razón, sí; para la emoción, no.

Después de otra dosis de oxígeno, tomó mi mano derecha y reunió fuerzas para decir estas últimas palabras:

—Tú eres generoso como la lluvia y benévolo como el Sol, Marco Polo...

Transformaste mi historia en un espectáculo... Sé que tú no crees en Dios...

—¡Anna! —le dije, tratando de ahorrarle esfuerzo.

Sin embargo, ella continuó:

—Pero yo creo que la vida es un gran guion y la muerte es sólo un acto del espectáculo... Continuaré escenificando mi obra en la eternidad... Mi amado, permítete pensar en otras posibilidades... Estudia la mente de Cristo.

Mi esposa hablaba de esperanza mientras moría. Y, en la medida que hablaba, el aparato que monitoreaba su corazón mostró que bombeaba sangre con más fuerza y ritmo. La mente humana revelaba su poder. Todos los que observaron la gráfica del monitor estaban impresionados.

Apreté sus manos y, con un nudo en la garganta, le dije:

—Querida Anna, mi amor por ti es indescifrable... De todas las cosas que conquisté en la vida, tú eres la mejor de ellas... Tú eres inolvidable... Muchas gracias, muchas gracias, de verdad, por existir...

Al decir esas palabras, el "bip" se hizo más vigoroso todavía. Parecía que Anna no tenía ninguna enfermedad grave. En seguida los médicos colocaron sus manos en mis hombros y me pidieron que me retirara.

Cuando yo iba saliendo de terapia intensiva, la función cardiaca de Anna comenzó a perder fuerza y ritmo de nuevo. Jadeante, apenas podía respirar. Los médicos y enfermeros la socorrieron rápidamente. Fue el día en que más lloré en mi historia...

Entré en el elevador y casi no veía los números. No vi que una de las pocas personas que no me caen bien, el doctor Felpes, estaba dentro. A él le parecía una herejía que un pensador de la actualidad produjera una nueva teoría sobre el funcionamiento de la mente capaz de objetar las teorías clásicas de Skinner, Freud, Jung, Piaget. La universidad era una hoguera de egos y vanidades.

El doctor Felpes estaba confundido al verme tan consternado, no sabía lo que estaba pasando. Como algunos intelectuales insensibles, se convirtió en un predador especialista en atacar a personas heridas.

—¿El intelectual imbatible está decaído? —preguntó, con una sonrisa en el rostro.

Yo no respondí. Pero él siguió provocándome:

—¡Increíble! ¡Marco Polo también tiene sentimientos! No sabía que tú también llorabas.

—Doctor Felpes, usted ni siquiera conoce el prefacio de mis escritos, qué decir de los capítulos más importantes. Sí, estoy llorando. Y si quiere saberlo, me siento el más frágil de los hombres... —confesé.

Desconcertado y cayendo en sí, el doctor Felpes preguntó:

—¿Qué está pasando?

—Estoy perdiendo a quien más amo...

—Discúlpeme...

Y así, sin decir nada más, salí del elevador. Recorrí los largos corredores de la planta baja. Profesores, alumnos y profesionales que pasaban junto a mí, me contemplaban y quedaban perplejos. Algunos decían:

—¿Qué le pasa al profesor?

Al verme descompuesto, un neurocirujano habló para su círculo de amigos, citando una frase de la última clase que había tenido conmigo:

—"La personalidad humana es una construcción sofisticada, pero tarde o temprano no queda piedra sobre piedra. Recoger nuestros fragmentos y reinventarnos es lo que nos diferencia". ¿No fue él quien dijo eso?

Lo que ese neurocirujano no sabía es que me había llegado la hora de recoger mis pedazos y reconstruirme. Yo sabía que muchos fallan en esa tarea... Por eso, gritaba dentro de mí: "¡Vale la pena vivir! A pesar de que la vida es breve como gotas de rocío que por instantes aparecen y luego se disipan con los primeros rayos del tiempo".

Al escuchar el relato de Marco Polo, miles de personas de los más diversos países tuvieron el valor de recoger sus fragmentos y no desistir de la vida, incluso de cara a la muerte. Los amigos quedaron profundamente sensibilizados por la pérdida de Anna. No imaginaban que una persona tan resuelta e inteligente como Marco Polo pudiera besar el suelo más árido de la fragilidad. Sofía tomó su mano derecha y la acarició suavemente.

24
Una fama incontrolable y sorprendente

Marco Polo contó que, después de las inimaginables pruebas de estrés de Jesús, su fama comenzó a extenderse de forma incontrolable. Sus palabras y sus actitudes eran tan innovadoras que ocupaban el imaginario de las personas y concurrían en las primeras planas del más confiable medio de comunicación de la civilización humana: boca a boca.

—En una época en que los transportes eran rudimentarios, en que no había periódicos, televisión, teléfonos o redes sociales, Jesús causó una ola de noticias en tierra baldía. No se hablaba de otra cosa, a no ser del hombre que quería cambiar el mundo.

—¿Pero ese brillo social no vino de los actos sobrenaturales que los cristianos dicen que él promovió? —comentó el doctor Alberto.

—En pleno siglo XXI, parece la historia de Blanca Nieves —dijo Michael.

—Disculpa, Michael. Después del análisis de los hechos que involucraron a Jesús, desde su nacimiento a las pruebas de estrés, no caben las burlas. Tú puedes dudar si hubo milagros o no, pero tienes que respetarlo. A no ser que pienses que Lucas estaba teniendo un ataque psicótico cuando escribió su historia.

—No, no pienso así. Lucas se reveló como un escritor coherente y lúcido —afirmó Michael con un nudo en la garganta—, como Marco Polo concluyó, todas las paradojas de la historia de Jesús revelan que él existió como un personaje histórico. Pero no creo en los actos sobrenaturales. Lo confieso: antes me burlaba de esas creencias. Hoy, maduré; ¡ya las respeto!

Algunos en el público lo elogiaron.

—Debemos siempre recordar que nuestro objetivo en esta mesa redonda es estudiar la mente de Jesús, no evaluar su supuesta divinidad —declaró Marco Polo.

—¿Pero tú crees que Lucas estaba delirando al relatar hechos extraordinarios, que sobrepasan los límites de la física cuántica y de la teoría de la relatividad? —indagó el teólogo de Harvard.

—Sé que es intrigante que un médico inteligente como Lucas haya escrito que Jesús suspendió las leyes de la física y usó métodos metafísicos para restaurar las células de los enfermos... Las ciencias clásicas no consiguen entrar en esas áreas, por lo menos hasta el momento.

—Nunca pensé que estudiar a ese Jesús fuera tan perturbador. Todo en su historia alcanza límites inimaginables —afirmó Michael.

—Para mí, era más fácil decir que Lucas era un pésimo escritor, que su narrativa era débil, que sus ideas eran infantiles e ingenuas, como centenas de libros que leo, pero ese hombre es un biógrafo... notable. Estudiaremos en nuestra próxima mesa redonda algo que me asombró muchísimo. Jesús quería difundir su mensaje para el mundo, pero no sólo rechazó el poder político y religioso en esa cruzada sino también la fama. Él prefería el anonimato.

—¿Estás bromeando, Marco Polo? —preguntó Michael—. ¡Eso es una paradoja! ¡No voy a soportarlo!

Una vez más el público sonrió ante la soltura de ese intelectual. Y así, los participantes se retiraron. Merecían un largo descanso. Principalmente Marco Polo, que estaba fatigado por contar la historia de Anna. Pero, a pesar de eso, resolvió ir a pie al hotel donde estaban, más cerca del Muro de las Lamentaciones, que aquél que se incendió. Sofía lo acompañaba. Al llegar al lugar, él le pidió un minuto para aproximarse a las viejas piedras de la muralla. Había pocas personas. Al aproximarse vio a una mujer anciana llorando. En voz baja, suplicaba:

—¡Saca a mi marido del coma! Fueron tantos años felices. No soporto su silencio.

Un hombre vistiendo un traje Armani, presidente de una gran compañía de Silicon Valley, que no tenía el valor para visitar el Muro de las Lamentaciones durante el día, también vertía lágrimas. Visitaba Israel por negocios, pero su verdadero tesoro estaba quebrando: su hijo de siete años estaba muriendo de cáncer. Con la mano derecha, tocaba una de las viejas piedras y, con la otra, se enjugaba el rostro y decía, casi sin voz:

—David todavía es un niño... Por favor, no dejes que mi hijo muera. Extingue su cáncer.

Emocionado, Marco Polo también resolvió pasar las manos lentamente sobre las piedras. Sintió su temperatura fría, y también su relieve liso. Millones de personas las habían tocado. ¿Qué pesadillas tuvieron? ¿Qué sueños construyeron?, pensó. Era un lugar surreal. En ese momento, el psiquiatra rompió su orgullo ateísta y entendió que la religión era una llama inextinguible para la humanidad. ¡La esperanza es el secreto! Se acordó de las palabras de su asistente: "El socialismo no la exterminó, la teoría de la evolución no la suprimió, la era digital no la silenció" y concluyó: somos mortales, no hay religioso que no tenga algo que suplicar ni ateo que un día no tenga algo que lamentar. Recordó la pérdida de Anna y también derramó lágrimas. No sabía rezar, no creía en Dios, no tenía fe, no tenía esperanza de que ella estuviera viviendo más allá del paréntesis del tiempo. Si tuviera, estaría lleno de esperanza. Pero él era demasiado científico simplemente no lo conseguía. Después se acordó de Lucas, su querido hijo, dependiente de drogas. Temía que él pudiera ser víctima de una sobredosis, como ya había ocurrido en dos ocasiones.

Sofía se acercó. Jamás imaginó ver al famoso jefe del departamento de psiquiatría, escritor famoso e investigador respetado, así, derrumbándose. Tocó sus hombros. Él se apenó, trató de limpiarse rápidamente el rostro. Buscando aliviarlo, ella recordó una de sus perlas intelectuales.

—Acuérdate: "Los grandes hombres también lloran".

—¡El problema es que no saben qué hacer con sus lágrimas! —reconoció él.

En ese momento ambos dejaron el lugar y se fueron a pie rumbo al nuevo hotel. Ella le dio el brazo. Y así, siguieron su camino. De repente, él se detuvo y viéndola a los ojos le dijo:

—¡Tengo ganas de besarte!

Admirada, ella lo entusiasmó:

—¿Y por qué no lo haces?

—Eres diecisiete años más joven que yo.

—Pero soy una mujer

—No es justo. Soy un profesional y tú eres...

—¡Aquí tú no eres mi jefe! Los psiquiatras son complicados con el amor —reclamó.

—Tú también eres psiquiatra.

—No, ya te lo dije: aquí soy una mujer.

Él la besó en la frente y, para su asombro, comentó:

—Tuve muchas novias antes de Anna. Necesito reeducarme ahora. Discuto sexualidad con mis pacientes, más para mí, un amor sustentable tiene que ser inteligente... y un amor inteligente tiene que ser...

—Deja de confundirme, Marco Polo, ¡bésame! —dijo ella, regañándolo afectuosamente.

Abrumado e intimidado por la seguridad de Sofía, se arriesgó a besarla. Y lo hizo prolongadamente. Sintió sus labios calientes tocando los suyos; eran dos mundos cruzando los horizontes, dos seres humanos heridos navegando las aguas de la emoción.

Dos mil años antes

Era un atardecer anaranjado, el sol parecía sangrar en el horizonte. El calor era insoportable. Una multitud llegaba para ver a un hombre sin belleza magistral, pero de gestos delicados y palabras poderosas. Los maridos llevaban a sus esposas; los padres a sus hijos; los hijos a sus padres y amigos; unos a los otros. Todos querían ver, oír, ser tocados por Jesús. Al ver todo aquel movimiento social en la tierra del hambre, era posible ver que el carpintero de Nazaret se estaba volviendo famoso, pero todavía nadie podría prever que se volvería la mayor celebridad de todos los tiempos.

—Mi padre está a punto de morir, Señor —dijo uno.

—Mi amigo está desfalleciendo. Perdió la capacidad de caminar —decía otro.

—Mi hijo está febril, tose mucho y no consigue levantar la cabeza —contaba una madre en llanto.

Si la vida es un camino sinuoso, en aquel tiempo lo era más. Una simple amigdalitis te llevaba a la muerte. Una infección causaba una epidemia. La desnutrición, la falta de vacunas y de antibióticos hacían de aquella era, una época de dolor e incertidumbre. Todos buscaban al médico de médicos.

—Ricos a las puertas de la muerte se despojarían de sus tesoros a cambio de salud. Ancianos al borde del último suspiro existencial darían su conocimiento a cambio de juventud. Por eso declaro que, de todos los bienes que ustedes pueden adquirir en esta Tierra, nada supera a lo que ya tienen: la vida —decía el Maestro de los Maestros clamando para una multitud sedienta.

Los que tenían sed de sabiduría y los miserables, que tenían sed de consuelo, no paraban de llegar. ¿Pero a dónde? El caminante no tenía casa, su salón de clases era al aire libre, el lienzo en que pintaba era el mundo, su cama era cualquier espacio en el piso. Amó tanto a la humanidad que se olvidó de sí mismo. Si no le ofrecían un bocado se olvidaba de comer.

Nunca en aquellos tiempos durísimos la fama ganó fuerza tan rápido. Antes de que el sol cortejara al día, las personas ya buscaban a Jesús y él comenzaba a enseñar. Momentos después desaparecía. Buscaba la soledad como el sediento busca el agua, y ahí mantenía esos monólogos misteriosos, en los que se encontraba consigo mismo. La multitud continuaba buscándolo. Encontrándolo, lo cercaban, lo estrujaban, le suplicaban. Era su última esperanza. En segundos, a los miserables se les estampaba una sonrisa en el rostro. Pero Jesús, para asombro de las agencias de publicidad, insistía:

—No se lo cuentes a nadie.

¡Él era crítico del culto a la popularidad! Imposible no compartir el día más alegre de sus vidas. Imposible mantener al caminante en el anonimato. Tiberio César cobraba pesados impuestos a aquel pueblo sufrido. Una parte significativa de granos y aceitunas era destinada a abastecer a las castas de los nobles y poderosos ejércitos de Roma. Tener a Jesús era tener consuelo, era tener seguridad, era tener encanto por la vida.

La multitud se apoderaba de él como si fuera de su propiedad. Pero el caminante insistía:

—Es necesario que se anuncie una nueva era, una relación distinta, una nueva forma de ver y reaccionar ante la vida.

Pero las personas parecían no escuchar.

—¡Quédate con nosotros! ¡No nos abandones! —insistían.

—En este reino los grandes controlan a los pequeños, pero yo necesito hablar del reino de Dios, donde todos son hermanos, donde unos luchan por los otros, donde todos son una sola familia.

Él era poético, sólo que las personas no estaban interesadas en poesía, sino en resolver sus problemas. Él sabía de eso, no exigía nada. Por ser dotado de conciencia, cuando el ser humano sufre, todo el Universo padece, cuando el ser humano no duerme, todo el Universo tiene insomnio. El único dolor que él realmente siente es su propio dolor. La conciencia que nos hizo únicos también nos hizo egocéntricos. La empatía es una habilidad rara.

—¡Eh, ustedes! Están monopolizando al maestro. Déjenlo conversar también con nosotros.

La presión era grande. Jesús no tenía escenario, pero todos querían que él protagonizara la obra; no tenía púlpito, pero todos querían que él diera un discurso. Su elocuencia era contagiosa. Pero era casi imposible hablar. Estaba junto al mar de Galilea. La multitud se apretujaba para escucharlo. Entonces, súbitamente planeó una estrategia nunca antes imaginada. Al avistar dos barcos junto a la playa, pidió:

—Necesito sus barcos.

—Maestro, todos lo buscan ¿y usted quiere pescar?

—Sí. Pescar hombres.

Su voz era tan fuerte y, al mismo tiempo, delicada, que era imposible negarse a sus pedidos. Entonces lo improbable sucedía. Subió a uno de los dos barcos, le pidió al barquero que lo apartara un poco de la tierra. Y fue así, por primera vez, que alguien habló desde un barco a la multitud al margen del agua. Hubo una larga conferencia, la mayor parte nunca fue registrada por sus biógrafos.

—Aprendan a respetar a los demás. Una persona feliz invierte todo lo que tiene para hacer a los otros felices.

Y continuaba enseñando:

—El egoísmo y el individualismo son defectos de la personalidad. Repartan sus túnicas, dividan sus alimentos. Las cabezas abatidas que ustedes levanten hoy, serán las que un día se acordarán de levantarlos a ustedes. De repente, Santiago y Juan, dos jóvenes prometedores, hijos de un pescador, Zebedeo, que tenía algunos barcos, lo oyeron.

—¿Quién es ese hombre? —quiso saber Santiago.

Juan, el más joven, respondió:

—No sé, Santiago. ¡Pero, cuando él habla, mi corazón se abrasa, hermano mío!

Zebedeo también había escuchado a aquel hombre entusiasmado. Luego de haber dado su clase al aire libre, Jesús se acercó a la orilla. Encontrando a Simón que más tarde se llamaría Pedro, le hizo una extrañísima invitación:

—De ahora en adelante serás pescador de hombres. Ven y sígueme.

Sólo un loco dejaría un empleo seguro para seguir a un extraño que ni siquiera le prometía un plato de comida. Pero el Maestro cautivaba el corazón, liberaba la mente e inspiraba la capacidad de soñar.

Simón, viendo su fama, el estatus notable del extraño y al mismo tiempo, seducido por su mensaje, no tuvo dudas. Le dijo a Andrés, su hermano:

—No sé qué significa pescar hombres. Pero debe ser algo mucho mejor que oler a pescado y estar en la vorágine de la noche. Las grandes decisiones son solitarias. Simón tomó una actitud que cambiaría para siempre su historia. También Andrés.

—¿Pescador de hombres? ¿Qué locura es ésa? —pensó en alto Zebedeo.

De repente, Zebedeo lo vio yendo hacia él. Necesitaba esconder a sus dos hijos de aquel misterioso personaje. Trató de distraerlos apurándolos a arreglar las redes.

—Vamos, cosan las redes. Estamos atrasados.

Pero no fue posible evitar la invitación. Jesús se acercó, vio a los dos muchachos, mucho más jóvenes que Simón y Andrés, e hizo el increíble llamado:

—Vengan y síganme.

¿Seguirlo a dónde? Seguirlo hacia lo oscuro. Ser un caminante sin ningún tipo de seguridad social, sin compañía, sin comida, sin bienes, sólo con el sueño de ayudar a la humanidad.

La osadía, la capacidad de aventurarse, de romper la cárcel de la rutina, siempre hizo a los científicos ser más productivos en la juventud que en la madurez. Henchidos por los aplausos y los éxitos académicos, no pocos se volvieron estériles a las nuevas ideas. Jesús escogió jóvenes, aunque supiera que siempre son más irresponsables.

—Mis hijos, no... —suplicó Zebedeo, llamándolos aparte.

—Papá, es nuestra oportunidad —comentó Santiago.

—¿Qué oportunidad es ésa, hijo mío?

—Queremos ayudar a cambiar el mundo.

—¡Pero ustedes ni siquiera consiguen cambiar este lugar y quieren cambiar el mundo!

El padre tenía sus razones.

—¿Y tú, Juan? Todavía eres un niño. Apenas cumpliste los quince años.

—Papá, yo me sé cuidar. Me voy a ir con él. Él va a liberar a Israel —afirmó Juan.

—¿Estás loco, hijo mío? Míralo. No tiene ejércitos, anda como un vagabundo...

—¡Pero dice lo que nadie jamás dijo! —afirmó Andrés.

—Hasta Simón dejó todo —comentó Juan.

—¡Simón pasa por encima de todo mundo! ¡Él es agitado como las olas del mar! —reaccionó Zebedeo.

De repente Jesús se acercó al encuentro familiar y dijo sereno y firme:

—Puedes estar tranquilo, Zebedeo. Voy a cuidar de ellos.

—Pero ellos tienen un futuro promisorio aquí. Tenemos barcos, un negocio.

—Pero yo les daré los tesoros de los cielos. Conocerán misterios que los sabios no vieron, que los reyes darían todo por tener, pero nunca tuvieron...

El Maestro de los maestros era seductor. Sus palabras tenían un magnetismo inigualable, tocaban los lugares más recónditos de la emoción, movían la mente... Zebedeo estaba repleto de dudas. Pero, de repente, un episodio emocionante lo conmovió profundamente. Un leproso fétido, deformado, apabullado por la enfermedad, viendo a Jesús, postró el rostro en la tierra y le suplicó, diciendo:

—Señor, si quisieras, podrías curarme.

La reacción de las personas que estaban cerca fue inmediata. Los leprosos eran un desperdicio social.

—¡Huyan de ese hombre! —dijo un descorazonado.

—Este leproso está contaminando la tierra —dijo otro insensible.

—Sus pecados suben a los cielos —comentó un religioso.

Pero Jesús miró a aquel hombre, que en los últimos tiempos comía y bebía del desprecio, y se compadeció de él. De sus ojos escaparon lágrimas. Sin miedo, hizo lo que nadie tuvo el valor de hacer. Tocó su rostro deformado. Sintió la piel flácida y herida adherirse en sus manos. No sólo respetó a los otros, los amó. Los trató como príncipes. Inauguró el amor solidario, el amor con actitudes, la ley de las leyes de los derechos humanos.

—¿Cómo te llamas?

—Rubén, señor.

—¿Qué lágrimas has llorado?

—Todas las que un hombre tratado como basura lloró.

—¿Y qué lágrimas nunca serpentearon tu rostro, hijo mío? Quiero saber las que no tuviste valor de llorar.

Rubén fue tomado por sorpresa. Hizo una pausa y, con la voz trunca, habló de los momentos en que la soledad y el rechazo penetraron en los lugares más recónditos de su emoción.

—Mi padre me abandonó. Mis hermanos... me dieron la espalda... Mi esposa me apartó, y ¡mis dos hijos tienen vergüenza de decir que existo! Mi madre, ah, ella era tan amable, ¡pero fue la última en borrarme de su historia!

Conmovido, trataba de enjugar sus lágrimas, con sus manos rugosas del rostro herido por la lepra. Muchos estaban impresionados con el diálogo inteligente que Jesús tenía con los miserables. Para el Maestro de la emoción, ellos no eran enfermos, sino seres humanos complejos y completos que necesitaban más que un cuerpo sano, una mente saludable.

—Protégete, Rubén. No adquieras lo que no te pertenece. El perdón no resuelve los errores de los que hieren, pero alivia los dolores de los heridos.

—¿Cómo hago eso, Maestro?

—Soy un caminante que enseña a las personas a caminar dentro de sí. Ven y escucha.

—Pero soy leproso. Todos huyen de mí.

—Todos pueden huir de ti, pero tú nunca huyas de ti mismo.

Mientras escuchaba a aquel hombre singular que invadía su mente y su espíritu, su piel fue restaurada. De repente, él pasó las manos por su rostro y sintió su piel lisa. Miró sus miembros y ya no estaban deformes.

—¡Dios mío, ¿qué sucedió?! Mi piel tiene sensibilidad. No se desprende de mi cuerpo. ¡Gracias! ¡Gracias! —decía Rubén, dando saltos de alegría...

Sus discípulos se elevaron hasta las nubes. Simón comentó lleno de entusiasmo:

—¡Acertamos, amigos! Trabajamos toda la vida en barcos. Ahora vamos a embarcarnos en la aventura más increíble.

—¡Increíble! ¿Pero quién es él? —preguntó el joven conversador, Juan.

—No sé, pero este hombre va a dominar el mundo —afirmó Simón.

—Yo quiero estar a su lado cuando eso suceda —dijo Santiago, ambiciosamente.

Para su consternación, al ver a Rubén dando saltos de alegría, Jesús lo llamó y le dijo:

—Rubén, tengo que pedirte algo.

Simón habló en voz baja para su hermano Andrés y para los hermanos, Santiago y Juan:

—Este hombre es inteligente. Le va a decir: "¡Divulga al mundo entero mi poder!"

Pero el mensaje fue justamente lo contrario:

—¡No le cuentes a nadie lo que hice!

—Pero, ¿por qué no, señor? —preguntó el leproso.

—¿Qué? ¿Él pidió silencio? ¿Cómo? ¿No lo entiendo? —comentó Simón, el futuro Pedro.

—Reitero: no le cuentes a nadie lo que hice. No me promuevas, divulga el amor, el placer de entregarse.

El leproso no entendió nada. Es más, todos se quedaron confundidos. Una vez más, era imposible esconderlo. Su fama se propagaba de forma cada vez más descontrolada. Multitudes lo buscaban ansiosamente. Jesús atendía a innumerables personas, pero de vez en cuando continuaba retirándose al desierto. Ahí meditaba, se relajaba, bajaba su ritmo, tenía encuentros insondables con aquel que lo envió. La soledad siempre fue un momento único para tener encuentros poéticos consigo mismo. Quien odia la soledad nunca ha sido amigo de sí mismo. El maestro de gestión de las emociones sabía eso.

Posteriormente ocurrió otro incidente. Enseñando en el interior de una casa, había una multitud alrededor. Desesperados, un grupo de amigos querían traer a uno de los suyos que era parapléjico, hasta Jesús. Pero era imposible pasar. Hasta que en un momento de singular creatividad, subieron hasta el tejado y, por entre las tejas, bajaron al enfermo al centro del lugar donde Jesús enseñaba. Creían que el sencillo galileo tenía poderes sobrehumanos. Viendo su valor, Jesús se atrevió a decirle al miserable:

—Tus errores y fallas están perdonados.

No era eso lo que el moribundo esperaba oír. Quería moverse, caminar, dejar de ser un peso para sus padres. Pero el Caminante quería que primero moviera su mente, pues sabía que millones caminan, pero no salen de su lugar, mueven los músculos pero están encarcelados. Sin embargo, las palabras de Jesús cayeron como bomba sobre la cabeza de los religiosos que lo escucharon.

Alterado, uno de ellos comentó:

—¿Quién es éste que perdona las faltas humanas? Sólo Dios puede hacerlo.

—Su actitud es insoportable —replicó otro.

Perturbados, se levantaron para salir. Pero el hombre que conocía las inquietudes humanas, el analista de los bastidores de la mente humana, diagnosticó las trampas que lo aprisionaban. Mirándolo a los ojos se anticipó, diciendo:

—¿Qué es más fácil hacer: decir que tus errores están perdonados o mover tus huesos y músculos, que hace años están paralizados?

—Claro, las palabras son fáciles de decir —expresó un espectador astuto.

Pero, para asombro de los observadores, el galileo una vez más los dejó a todos admirados:

—¡Levántate y recobra tus movimientos!

El miserable se volvió inmediatamente el hombre más libre y feliz del mundo. Ahora tenía un largo recorrido para aprender a ser libre en el único lugar en que es inadmisible que un ser humano sea prisionero: dentro de sí mismo. Tendría que aprender que, infelizmente, las peores cárceles de la humanidad residen en el cerebro humano.

25

La elección "equivocada" de los discípulos

Marco Polo comenzó a interpretar los textos de Lucas que hablan del singular proceso de un maestro para cautivar e iniciar un sofisticado proceso de formación de sus discípulos. Una vez más todo escapaba de lo trivial. Comentó sobre el llamado, la forma inusitada y audaz como los abordó, los riesgos que corrieron, los primeros conflictos y las decepciones. Después de eso, trajo una cuestión de suma importancia para la mesa redonda, y que tal vez no había sido debatida a lo largo de la historia.

—Si hubiera un equipo de recursos humanos auxiliando a Jesús en la selección de sus alumnos más cercanos, ¿habrían sido aceptados? ¿La personalidad y la capacidad de autocontrol, de emprender y de reinventarse de Pedro, Juan, Tomás y Judas eran notables? Jesús pasó todas las pruebas posibles e inimaginables, ¿pero sus discípulos pasarían las pruebas de evaluación más sencillas?

Todos enmudecieron.

—Yo nunca pensé en eso —afirmó el doctor Thomas—. Nosotros, los cristianos, creemos en que él eligió correctamente.

—Pues, en mi análisis crítico, él no lo hizo.

—Yo lo sabía. Jesús tenía que fallar en algo —comentó Michael—. Cualquier maestro que se precie tiene que seleccionar bien a sus alumnos si no quiere naufragar en su proyecto. En las universidades estadunidenses como Harvard, Stanford, Yale, MIT y otras sólo los alumnos excelentes son admitidos. En Israel, las mejores mentes son seleccionadas arbitrariamente por las universidades.

—No es posible que Jesús haya tomado decisiones equivocadas —replicó el doctor Alberto—. ¿Con base en qué dice eso?

—El tema es extenso. Haré apenas una síntesis de la personalidad de los discípulos y de las elecciones arriesgadísimas que Jesús hizo. Pero antes me gustaría preguntar al ilustre representante del catolicismo y quizá futuro Papa, doctor Alberto, y al ilustre teólogo de Harvard, doctor Thomas, ¿cuál de los alumnos de Jesús tiene el mejor perfil psicológico? Es decir, ¿quién es el más sobresaliente de los discípulos?

Marco Polo pidió que el público también votara. Juan ganó en un santiamén, seguido por Pedro.

El doctor Alberto no tuvo dudas:

—Simón Pedro, claro. El más honesto y disponible de los discípulos.

El doctor Thomas, a su vez, tenía clara su elección:

—Juan, el más amable de todos ellos.

La respuesta de Marco Polo fue escandalosa:

—Un análisis serio revela que el mejor fue Judas Iscariote.

El público que llenaba la sala perdió el aliento. Los dos teólogos se levantaron inmediatamente y bombardearon a Marco Polo con argumentos.

—Su juicio es subjetivo —afirmó el doctor Thomas—. Usted no tiene bases psicológicas para afirmar eso —comentó el doctor Alberto.

—Marco Polo, hasta yo creo que fuiste demasiado lejos —afirmó Sofía.

—Un traidor considerado el mejor de los discípulos. Eso es inconcebible —comentó también Michael.

Sin defender su idea, Marco Polo presentó las características de la personalidad de los discípulos más conocidos de Jesús.

—Pedro era agitado, ansioso, reaccionaba sin pensar, no sabía ponerse en el lugar de los otros. Rápido en juzgar, lento para pensar. Colocó a su maestro en situaciones delicadísimas debido a su impulsividad. Casi causa innumerables muertes cuando cortó la oreja de un soldado en un acto de traición. Si fuera un alumno en los días de hoy, los profesores querrían verlo a millas de distancia de su salón de clases. ¿Están de acuerdo, doctores? —preguntó a los dos teólogos.

—Sí —dijeron ambos, avergonzados.

En la medida que Marco Polo realizaba sus interpretaciones, los teólogos recordaban los textos que ya habían leído. Por interpretar los evangelios sólo a la luz de la teología, habían sofocado su análisis sobre la mente de los discípulos.

—Juan, el más amable de los discípulos, era bipolar.

Esa declaración de inmediato causó extrañeza en todos los que lo oían.

—Pero... ¿dónde viste que él tenía depresión bipolar? —cuestionó Sofía como psiquiatra.

—No, Sofía, Juan no tenía depresión bipolar, su emoción no oscilaba entre depresión y euforia, pero él tenía personalidad bipolar. Era generoso cuando las personas correspondían a sus expectativas, pero tenía reacciones extremamente agresivas cuando era contrariado. Quería quemar con fuego a los que no siguieran a Jesús, ¿no es así, doctores?

—Sí —dijeron nuevamente los teólogos, apenados.

—Caramba, Marco Polo. Esos alumnos no pasarían ni por una universidad de segunda categoría —comentó Michael, eufórico.

—Mateo tenía un carácter dudoso. Estaba al servicio de Roma, era tratado como traidor por su pueblo y, todavía más, tenía fama de corrupto. Tomás era paranoico e inseguro, no confiaba ni en su propia sombra —afirmó Marco Polo, que enseguida reformuló su pregunta:

—Entonces, ¿quién era el mejor de los discípulos?

Nadie se arriesgó a responder, pero intuían la respuesta.

—¡Judas Iscariote! —concluyó Marco Polo—. Él era el más contenido, sereno, tenía vocación social, se preocupaba por los pobres, no era impulsivo, no colocaba a su maestro en situaciones delicadas.

—¿Pero entonces cómo pudo traicionarlo? —indagó Sofía.

—No voy a entrar en detalles sobre la traición a Jesús en este momento. Estudiaré ese asunto en el momento oportuno. Pero Judas, a pesar de tener una personalidad más tranquila y serena, tenía una falla gravísima: ¡él no era transparente!

—Ahora entiendo. Una persona que no es transparente se lleva a la tumba sus conflictos —afirmó Sofía.

—Exactamente. Una persona que no es transparente tiene un Yo defectuoso, que no tiene autocrítica, que viste un personaje y disimula sus conflictos. Y, además de eso, ante cada frustración acumulaba ventanas *killer* o traumáticas. Los demás discípulos, a pesar de sus trastornos serios de personalidad, tenían deseo por transformarse, por superar sus límites, por reescribir su historia. ¡Ellos reeditaban sus ventanas traumáticas en su tejido cerebral, mientras Judas las acumulaba!

—Seleccionar alumnos tan problemáticos indica la falla de Jesús como maestro —afirmó Michael.

Silencio general entre el público y en la mesa redonda. Millones de personas de los más diversos países estaban asombrados. "¿Jesús se equivocó?", se preguntaban.

De repente, Marco Polo dijo:

—O Jesús se equivocó o tenía una autoestima tan grande como educador que era capaz de transformar cualquier piedra bruta en obra maestra —comentó Marco Polo, enmudeciendo a Michael.

El doctor Alberto reaccionó de inmediato. Como si hubiera tenido una de esas raras ideas brillantes, relató:

—¡Es admirable! Cualquier alumno que lo deseara tenía oportunidad de matricularse en la academia de Jesús y volverse una mente brillante.

—Si Judas no se hubiera suicidado, habría sido un gran pensador, igual al apóstol Pedro, que escribió dos complejas cartas al final de su vida. ¡El Maestro de los maestros era tan inteligente que sería capaz de transformar a cualquiera que estuviera a sus pies! —dijo el doctor Thomas, pasmado.

—Lo que se puede inferir de ese análisis previo es que Jesús como gestor de la emoción, dio todo lo que tenía a los que tenían poco. Qué profesor es ése que en un acto de traición, llamó amigo a quien lo traicionó y le hizo una pregunta para la que él mismo construyera la respuesta: "Amigo, ¿por qué estás aquí?" —afirmó Marco Polo—. ¿Cuál de los biógrafos registró esa pregunta: Mateo, Marcos, Lucas o Juan?

—¿Lucas? —preguntó Sofía.

—No, Mateo. ¿Él tenía un objetivo sociológico al dejar registrada esa pregunta? ¡Sí! —dijo Marco Polo—. Mateo era corrupto y fue aceptado por su maestro al comienzo. Y Judas era coherente, sólo que al final lo traicionó, pero fue aceptado por Jesús al final de su vida. Ninguno de los dos lo merecía, pero ambos fueron acogidos generosamente. Tal vez él sea uno de esos rarísimos profesores que no abandonan a ningún alumno, aunque les escupan en el rostro. ¡Eran los alumnos quienes lo dejaban a él!

—Soy muy estricto como profesor de licenciatura y posgrado. Para Jesús no importaba el material. Él creaba inclusión social. Era capaz de transformar el barro en piedras, y las piedras en bloques de construcción. Estoy perturbado —afirmó Michael.

El doctor Alberto agregó con maestría:

—Las mejores universidades del mundo escogen las mejores mentes, Jesús transformaba a los últimos de la clase, a la escoria intelectual, en las mejores mentes.

—Pero, para realizar su tarea magna como educador, tenía que haber un cambio completo de mentalidad, una mudanza de adentro hacia afuera, por eso dijo: "Y nadie echa vino nuevo en odres viejos, porque entonces el vino romperá el odre" —comentó Marco Polo.

—Estoy impresionada —expresó Sofía—. Una educación nueva con un conocimiento nuevo, representado por el vino, necesitaría de nuevos odres, ¡una nueva mente con nuevas habilidades!

De repente, un profesor de historia cansado de ver el abandono en la educación, comentó:

—Nuestra educación es lineal. Bombardeamos el cerebro de los alumnos con datos y el resultado final es la formación en masa de repetidores de información. Cualquier computadora, por más mediocre que sea, guarda y recita más datos que la memoria humana. Sólo las excepciones se convierten en pensadores. ¿Cuáles son los nuevos paradigmas de la educación propuesta por Jesús?

Marco Polo enumeró algunos:

—Por lo pronto citaré sólo siete, que son fruto de mi análisis previo de todo el libro de Lucas: 1) Cada alumno tiene un potencial increíble, aunque sea imperceptible. 2) Nadie es irrecuperable. 3) Nadie cambia a nadie, sólo la propia persona se puede transformar. 4) Las habilidades socioemocionales, como pensar antes de actuar, empatía, resiliencia, gestión de emociones, son vitales para archivar ventanas saludables y no enfermas, en el tejido cerebral. 5) Usar metáforas e historias es importante para liberar la mente y la creatividad. 6) Dinámicas y vivencias en el proceso educativo rompen la cárcel de la teoría. 7) Los errores son oportunidades para crecer, no para nuevos castigos.

—Sorprendente. ¡Estoy ansioso por ver el resultado de ese proceso educativo! ¡Si pescadores incultos, recolectores de impuestos corruptos y jóvenes paranoicos y volátiles fueron transformados en alumnos brillantes, voy a hacerme sacerdote! —bromeó Michael, aunque estaba en choque.

Fue así, que participantes y espectadores quedaron profundamente pensativos. Nunca un maestro tuvo tanta autoestima en su metodología para transformar mentes inquietas y desequilibradas en mentes tranquilas e inteligentes...

Michael era el profesor de posgrado más temido de su famosa universidad. Revisaba las tesis de sus alumnos con mano de hierro. Todos tenían que sacar la nota máxima con honores el día que defendían su tesis, fuera de maestría o de doctorado. Era autoritario, austero, de poca conversación. En la mesa redonda, estaba irreconocible, más flexible, de buen humor, admitiendo sus fallas.

El día después del más reciente debate, sorprendió a alumnos de posgrado en medicina copiando en uno de sus dificilísimos exámenes. Descubierta la trama, llamó al grupo, constituido por dos alumnos y dos alumnas, a su cubículo:

—¡Los voy a expulsar o por lo menos a reprobar!

Los alumnos estaban en estado de choque. Su futuro sería arrojado a la basura.

—Profesor, discúlpenos —pidió una de las alumnas en pleno llanto.

—Nos equivocamos —dijo otro alumno, casi sin voz.

—Toda acción tiene reacciones. Toda actitud tiene consecuencias. Ustedes jugaron con fuego y se quemaron.

—Sus exámenes son casi imposibles —dijo un alumno, exaltado.

—¡No me levantes la voz! Para mí, alumno que copia en los exámenes está fuera de mi clase. Sin embargo... —y guardó silencio.

—¿No va a reprobarnos?

—Voy a prepararlos. Un maestro debe invertir lo que tiene en aquellos que tienen poco...

Un alumno que seguía los debates le dijo a su colega, en voz baja:

—Es por la mesa redonda...

—Ustedes me decepcionaron. Cambiaré la calificación de cero, lo que implica reprobar el año o la expulsión de la universidad, por un desafío: ustedes darán una clase sobre los asuntos que copiaron. ¡Y tendrán que decir cosas que yo no haya enseñado en mis clases!

—Pero, profesor, ¿cómo haremos eso?

—Que los exima no quiere decir que les dé una palmada y ya está. Ustedes son capaces de ir más lejos de lo que imaginan.

—¿Nos está... elogiando? —preguntó la estudiante que estaba llorando.

—¡Reinvéntense! ¡Yo creo en ustedes!

Los muchachos admirados se miraron unos a otros y accedieron —aceptamos el reto.

Los alumnos salieron con la misión de ser mucho mejores de lo que eran. Y de hecho usaron el conflicto como oportunidad creativa. El maestro se valió del error que cometieron para entrenarlos, no para destruirlos. Fue fascinante. Los cuatro dieron un salto sin precedentes en su inteligencia. Eran alumnos muy por debajo del promedio, pero a partir de ese episodio, poco a poco se transformaron en los mejores de la clase.

26

El pasaje que Lucas no contó

La mesa redonda más aguda para estudiar la inteligencia del hombre cuya historia cambió el calendario de la humanidad, continuaba analizando los demonios que estaban en los resquicios de la mente de los propios participantes y de los espectadores. Y no sólo de los cristianos, sino de personas de todas las religiones, incluso de ateos.

—He recibido innumerables mensajes de personas que están viendo nuestro debate alrededor del mundo —relató al doctor Thomas, entusiasmado.

—Nunca imaginé que a mi edad pudiera ser impregnado por esta alegría indescifrable. Un budista de Japón me contó que, como yo, criticaba a su hijo todos los días por no corresponder a sus expectativas. Más tarde el hijo confesó al padre que al elogiarlo más y criticarlo menos, lo salvó de matarse... Y el suicidio entre jóvenes es alto en Japón.

Y continuó con otro caso:

—Un señor árabe, practicante del islamismo, que hace treinta años no se hablaba con su hermano, debido a una discusión por una herencia, me contó que después de la mesa redonda lo buscó y le dijo: "Hermano, el dinero compra aduladores, pero no amigos. Tú eres mi mejor amigo. ¡Toma lo que creas que te pertenece!" Ellos se reconciliaron y lloraron juntos. También dijo que Jesús aparece en los relatos en prosa y verso del Corán. Incluso descubrió algunas herramientas universales capaces de unir a musulmanes y cristianos.

Michael también contó la experiencia que tuvo con los alumnos de medicina que copiaron en el examen. Todos se sensibilizaron. Marco Polo, al oír todos estos relatos, se acordó de su hijo, Lucas. También necesitaba ser un ingeniero de ventanas *light*, de archivos saludables capaces de contener altruismo, riesgo, apoyo, valor.

—Este debate ha sido un éxito, pero el éxito mal trabajado hace más daño en la mente humana que el fracaso: oprime la creatividad, entorpece los sentimientos, fomenta el egocentrismo —aseguró Marco Polo—. Nunca debemos olvidarnos del ejemplo magno de la joven María.

—Autoestima notable y humildad solemne en la misma mente —recordó Sofía.

Ya que hablamos de la educadora del niño Jesús, Marco Polo miró fijamente a los dos teólogos intelectuales, uno, representante del catolicismo y el otro del protestantismo, y discurrió:

—Nunca está de más recordar que en esta mesa redonda, no estudiaremos los supuestos actos sobrenaturales de Jesús. Si ellos fueron reales o no, si tenía un poder sobrehumano o no, si tenía la habilidad de suspender las leyes de la física... todo eso entra en el área de la fe.

—Donde entra la fe, las ciencias callan —reafirmó la psiquiatra Sofía, pero agregó—: Mientras tanto, si discutimos esos asuntos, será en el campo de la filosofía.

—¡Exacto! Y, bajo el ángulo de la filosofía, pregunto a los teólogos presentes: ¿cuál fue el primer acto sobrenatural de Jesús descrito por sus biógrafos?

—Fue durante de las bodas de Caná de Galilea —dijo el doctor Thomas.

—Donde transformó el agua en vino —agregó el doctor Alberto.

—Muy bien. Ese episodio es conocido en todo el mundo, pero es difícil que los hechos socioemocionales que están tras bambalinas sean conocidos. ¿Cómo ocurrió todo?

—María se acercó a Jesús y le dijo: "Se acabó el vino" —dijo el doctor Alberto.

—¿Y la respuesta de él fue delicada? —indagó Marco Polo.

El doctor Alberto tenía un nudo en la garganta, pues sabía que la respuesta del hijo a su madre parecía carente de generosidad. Tal respuesta fue, durante siglos, blanco de cuestionamientos sin descanso por parte de los teólogos. Muchos hasta evitaban comentarlo.

—Aparentemente no —respondió el doctor Thomas—. Jesús dijo: "¿Mujer, qué tenemos que ver tú y yo? Todavía no ha llegado mi hora".

—¡Qué extraña respuesta! ¿Dónde quedó la relación afectiva entre hijo y madre? —indagó Michael.

El doctor Alberto trató de dar varias explicaciones, habló sobre el designio de Jesús, la interferencia de María, el ambiente público, pero nada justificaba la duda fatal. La respuesta fue grosera y evidenciaba que la relación madre e hijo, tan valorada por millones de cristianos a lo largo del tiempo, había sido puesta en jaque.

En ese momento exacto, Marco Polo comenzó a hacer su análisis crítico:

—En primer lugar: ¿por qué María le diría que se acabó el vino?

Las explicaciones fueron muchas, pero ninguna convenció al psiquiatra.

Entonces él dijo:

—Piensen conmigo. Ella sólo señaló que el vino se había terminado. ¿Por qué? Sin pretender discutir asuntos de fe, las breves palabras de María "Se acabó el vino" eran más que un pensamiento sintético. Era una señal para decirle: "Ya te vi haciendo cosas increíbles. Si tú quieres, puedes cambiar eso" —comentó analíticamente Marco Polo.

Sofía se sintió iluminada.

—¡Claro! Ella sabía que él ya había hecho actos sobrehumanos en la juventud. ¡Sólo pudo ser eso!

—Si eso fuera verdad, María no sólo tenía un hijo extraordinario por dentro, en su mente, sino también en su comportamiento —expresó el doctor Alberto.

—Y, como madre, debía hacer un gran esfuerzo para esconder al niño Jesús, ¡para que no corriera riesgo de muerte! —agregó el doctor Thomas.

—Ustedes entendieron.

—¡Ustedes me están volviendo loco! —afirmó Michael, completamente perdido.

—Nunca analicé esos hechos por el lado de la psicología. Pero tiene sentido, pues enseguida, María dice a los sirvientes: "Hagan todo lo que él les diga." Hijo y madre se conocían tanto que se hablaban a través de códigos y miradas —afirmó el doctor Thomas.

—Después de la seña de María, Jesús le respondió con otra señal, preguntando "Mujer, ¿qué tenemos que ver tú y yo? Todavía no ha llegado mi hora". Es probable que él haya preparado a su madre muchas veces para separar las cosas. Imaginen la escena conmigo. Jesús respiró lenta y profundamente. Quería contarle algo que la dejaría consternada. Ella pensaba que nunca lo perdería y mucho menos de forma tan inhumana. Había nacido treinta años atrás. La memoria de ella ya no conseguía rescatar los primeros acontecimientos. Sabía quién era él, pero no conocía los hechos que sucederían. El cielo era un algodón de azúcar, sin nubes, sin tempestades en el horizonte.

"'Madre, necesito contarte algo. Llegó el momento de mi partida. Te agradezco profundamente todo el cariño, cuidado y atención. Pero de ahora en adelante, dejaré de ser en primer lugar tu hijo y seré el hijo de la humanidad. Los riesgos serán enormes.'

"Y su madre debe haberle respondido: 'Pero no conseguiré estar lejos de ti, hijo mío', a lo que él, a su vez, debe haber respondido: 'Si no pudieras estar lejos de mí y quisieras acompañarme, tendrás grandes alegrías, pero enormes frustraciones'. 'Estoy preparada', diría ella, siempre osada.

"Pero él con delicadeza debió haberle comentado: 'Para disminuir tu sufrimiento, tendrás que regresar a tu origen. Tendrás que considerarte no como mi madre, sino como la mujer entre las mujeres. Acuérdate siempre de la misión para la que fuiste llamada'. 'No lo olvidaré, hijo mío.' 'No hay peor dolor que el de una madre que pierde a un hijo.' 'Hijo mío, ¿vas a morir?', le preguntó, abatida. 'Madre, recuerda: yo soy el cordero de Dios.'

"Ella debió haber sentido un dolor intenso: Se le humedecieron los ojos. Se limpió el rostro con su gruesa ropa. Su alma sería herida sin anestesia.

"'Yo te amo de forma inimaginable, hijo mío... Ayúdame si me olvido...', dijo con un nudo en la garganta.

"Tomando las dos manos de su madre, le besó el rostro y trató de aliviarla: 'Si te olvidas, te daré una señal: *mujer*'."

Después de que Marco Polo contó esta posible historia, el doctor Alberto quedó profundamente emocionado.

—Entonces, cuando Jesús le dice a María aquella frase aparentemente fría, "Mujer, ¿qué tenemos que ver tú y yo?", en realidad él le está recordando la señal —dijo el doctor Alberto, maravillado—. Tiene razón... Hay un fundamento... Este análisis acaba de resolver una ecuación que no pudo solucionarse durante dos mil años.

Marco Polo concluyó:

—Pero, a pesar de haberle dicho la seña, Jesús oyó a María. Él debió asentir para indicar que realizaría su deseo. Tal vez haya sido el único acto milagroso que Jesús hizo que no aliviara el dolor de alguien.

Después de ese comentario, Marco Polo preguntó al público atónito:

—¿Cuándo relata Lucas ese episodio de la transformación del agua en vino?

Las personas que conocían la biografía que él escribió quedaron intrigadas. No se acordaban. Los dos teólogos que debatían en la mesa se levantaron para buscar el pasaje, pero no lo encontraron.

—En ningún lugar —confirmó el doctor Alberto—. Pero es

extraño; si María fue tan cercana a Lucas, ¿por qué no le contó un acto tan importante?

—He ahí la cuestión: porque a ella no le parecía necesario. No era importante.

—Jesús, aunque no quería realizar el acto, al final hizo lo que su madre le pedía. Pero... no entiendo el motivo por el cual ella no se lo dijo a Lucas —insistió Sofía, confusa.

—Debido a su discreción —afirmó Marco Polo—. Ella fue complacida, pero lo que estaba en juego no era el sufrimiento de alguien... Por eso mismo ella tuvo el impulso de callar ese pasaje.

—¿De dónde sacaste todo eso, Marco Polo? —preguntó una vez más el doctor Thomas, intrigado.

—Un buscador de piedras preciosas no produce las pepitas, sólo remueve la tierra. No tengo ningún mérito.

Y después de eso, concluyó una vez más que fue una pérdida enorme para la humanidad el hecho de que religiones y ciencias no hubieran estudiado la inteligencia de Jesús a la altura que él siempre mereció... Y después del *mea culpa*, confesó la estupidez de sus propios prejuicios.

27

Creciendo en sabiduría

José tallaba un tronco retorcido de olivo, apolillado y áspero. Era una tarea difícil, penosa. Roboam, su amigo, estaba a su lado. Súbitamente, María se acercó aprensiva. Estaba con Judith, mujer de Roboam. El comportamiento del niño Jesús una vez más la preocupaba.

—¡Jesús desapareció de nuevo!

—¿A dónde se habrá ido esta vez?

El niño tenía ocho años. Era determinado, listo, agudo, explorador. Su capacidad para preguntar era impresionante y su generosidad deslumbraba a todos.

—¿Él no los obedece? —preguntó Roboam.

—Nadie es tan obediente como él, pero así como el sediento busca agua, él tiene sed de descubrir el mundo —afirmó María.

—Entonces, ese hijo te va a traer muchas alegrías —le aseguró Judith, tratando de consolarla.

—El problema es que todavía es un niño, corre el riesgo de ser lastimado, robado, vendido como esclavo... —expresó José.

—Pero, ¿no le da miedo salir solo en estos tiempos difíciles? —cuestionó Roboam.

—Parece que nada le da miedo a mi hijo —relató José, limpiándose el sudor del rostro—. Voy a buscarlo.

María, Judith y Roboam lo acompañaron en esa tarea. Lo buscaron por horas.

—¿Vieron a mi hijo? —le preguntaba el padre a uno.

—Estamos buscando a mi hijo Jesús —informaba a otro, la madre.

—¿De nuevo huyó? —había quién comentara.

—No. Él no huyó. Debe andar conversando con extraños —aseguraba su padre.

—¿Con extraños? Tienen que ponerle límites —los criticaban algunos.

Y así, ellos recorrieron el poblado tratando de dar con el paradero del pequeño. Algunos daban una pista, otros daban otra, pero, cuando llegaban al sitio, el niño ya había partido.

—¿Tu hijo ha hecho esto otras veces? —cuestionó Judith, con el rostro perlado.

—Algunas veces, pero siempre ha regresado. Mi miedo es que un día no lo haga —dijo su padre, muy preocupado.

Mientras esto ocurría, un poco distante de allí, el pequeño se acercaba a un viejo. Parlanchín, le hizo plática:

—Buenas tardes, señor.

—Bunas tardes, hijo mío.

—¿Vive usted solo?

—Sí.

—¿Es difícil estar solo?

—Un poco —dijo el viejo, sorprendido por el interrogatorio.

—¿Sus hijos no lo visitan?

—Cada uno tiene su vida, hijo mío.

—¿Pero los padres no deberían ser muy importantes para los hijos?

—Sí, pero el tiempo pasa y muchos hijos se olvidan de que tienen padres.

—¡Pero no se les debería olvidar! —comentó el niño.

—¿Qué edad tienes tú? —preguntó el viejo, admirado.

—Voy a cumplir... —pero enseguida cambió el tema—: ¿Ya sufrió mucho?

—Muchas veces, hijo mío.

—¿Cómo?

—Ya me sentí abandonado. Tengo dolor en el pecho... ¡A veces no tengo qué comer!

El niño dejó escapar una lágrima y el viejo lo percibió. De repente, desenvolvió un pan que cargaba y le preguntó:

—¿Tiene hambre?

—La sobrellevo —dijo el señor, sin revelar que tenía un hambre tremenda.

En ese momento el pequeño partió su pan a la mitad y le entregó una parte al viejo que no cabía en sí de alegría.

—¿Quién eres tú, hijo mío?

—Soy un niño al que no le gusta ver que los ancianos sufran.

El viejo comía sin quitarle los ojos de encima. Súbitamente, el muchachito sorprendió al viejo todavía más:

—Mire las nubes pintando el cielo. Vea aquel pájaro, que lindo vuela —una ráfaga de viento cayó sobre ellos. Él abrió los brazos, cerró los ojos y dijo—: Sienta, abuelo, cómo es bueno ser abrazado por el viento.

El viejo comía el pan y las palabras del niño. Entre una mordida y otra, preguntó:

—Dime tu nombre. ¿Quiénes son tus padres? ¿Dónde vives?

—Me llamo Jesús.

Pero en vez de responder las otras preguntas, el pequeño le preguntó al viejo, preocupándolo:

—¿Dónde encuentro a los leprosos?

El viejo se rascó la cabeza, tenso.

—¿Para qué? La cueva de los leprosos es un lugar muy peligroso.

—Por favor, dígame cómo llego allá.

—Está enclavada en aquella montaña —y señaló hacia el horizonte—. Pero no te acerques, pequeño.

—¿Por qué no?

—Los leprosos viven como fieras. Atacan a las personas, roban, hieren y hasta matan.

—Ellos no son malos. Sólo hieren porque están heridos.

El viejo se detuvo a pensar y le preguntó de nuevo quién era, a lo que Jesús le respondió:

—Soy sólo un niño que ama a la humanidad...

Y enseguida partió sin decir nada más. El viejo trató de seguir sus pasos, pero el niño iba corriendo. Parecía que trotaba como un becerro suelto del corral, feliz de la vida. Dos horas después, sus padres aparecieron con la pareja de amigos. Estaban muy cansados.

—¿Usted vio un niño solo por estas zonas?

—¿Delgado, cabello liso, parlanchín, tan listo que te deja sin habla?

María miró a José, Judith a Roboam.

—Sí, ése es —confirmó María, alegre.

—¿Dónde está él, señor? —indagó el padre, ansioso.

—Hace dos horas que se fue, pero no sale de mi cabeza.

Pensaron que el viejo podría estar perturbado.

—Todavía estoy en mi sano juicio, hijos míos. Pero el niño que pasó por aquí, sació mi hambre dos veces...

—No lo entiendo, señor —dijo José.

—Sació mi hambre con la mitad de su pan de trigo y mi hambre de alegría con su modo de ser.

María se quedó pensativa. Una vez más su hijo había transformado a los que lo oían. Ella siempre le pedía que tuviera cuidado, que no dialogara con quien no conocía. Pero era casi imposible. Él era extremadamente sociable.

—¿Ustedes son sus padres?

—Sí —dijo María.

—¿Quién le enseñó todas las cosas que me dijo?

Los padres cruzaron miradas.

—Nosotros le enseñamos, él nos enseña —no queriendo revelar ninguna otra cosa, pero al mismo tiempo afligida, María fue directo al asunto—: ¿Pero dígame, señor, dónde está?

—En la cueva de los leprosos.

—¿En la cueva de los leprosos? —hizo eco Roboam, el amigo de José, asustado—. Es un lugar peligrosísimo.

—Se lo advertí, pero salió corriendo. Traté de correr tras él. Lo siento mucho. No pude detenerlo.

—Nadie puede, señor. Vamos —dijo José.

Y así los cuatro salieron apresurados. Fueron ladera abajo, dieron un rodeo hasta que llegaron al lugar donde los leprosos se aislaban de la sociedad. Ellos se escondían allí por miedo a ser apedreados o quemados, a que se burlaran de ellos, a ser excluidos por los "sanos". Algunos parientes y amigos, mostrando migajas de compasión, arrojaban desde lo alto del peñasco pedazos de pan para que ellos no murieran de hambre. En el interior de la inmensa caverna había un poco de agua. Ahí ellos se bañaban de vez en cuando, hacían sus necesidades, tomaban agua contaminada y se infectaban todavía más. La cueva era un depósito de seres humanos. Temerosos, María, José y sus amigos se acercaron lentamente.

Conforme fueron entrando a la caverna, vieron una antorcha encendida y varios leprosos alrededor del niño. Sus padres y la pareja de amigos se sorprendieron. El niño conversaba con los miserables, animándolos...

—¿Cuáles fueron tus días más alegres, Isaac?

—Cuando nació mi hijo, que también se llama Isaac. Yo lo apretaba a mi pecho y me sentía el hombre más feliz del mundo.

—¿Y tu día más triste?

—Cuando Isaac, de quince años, les dijo a sus amigos que no tenía padre. Tenía vergüenza de decir que yo tenía lepra. Yo oí sus palabras atrás de un olivo donde me escondía. Lloré durante tres días seguidos.

—¿Y tú, Moisés? ¿Cuándo saltaste de alegría? —preguntó el niño con la disposición de un maestro.

Moisés era una persona totalmente deformada por la lepra. Muchos amigos y parientes creían que él ya no era un ser humano. Su cara era horrible. Parecía el rostro de una cruza entre un leopardo y un lobo. Pero el niño Jesús encontraba oro entre el suelo rocoso.

—Fue cuando me casé con Rina. Era una mujer maravillosa,

alegre, divertida. Una semana de fiesta, vinos, asado de carnero y uvas.

—¿Y tu mayor tristeza? —preguntó el hijo de José y María.

Sus padres escuchaban asombrados a su hijo hacer esas preguntas a los leprosos. Como ellos estaban distraídos, no notaron la presencia de los extraños.

—Me puse muy triste cuando, a las primeras señales de lepra, Rina comenzó a evitarme y a preguntar cuáles eran mis pecados. Si era un leproso, me lo merecía pues era un pecador. Después de ella, mis amigos me abandonaron, luego mis hermanos. Pero nada fue más triste que cuando mis padres dejaron de visitarme. Me desampararon para morir. Hoy, parezco un monstruo.

—Quién tiene lepra no merece vivir, niño —dijo Salo, otro leproso.

—Ustedes son gigantes. Consiguen vivir aun siendo tratados como basura.

—¿Dónde aprendiste eso, niño?

—Mi padre me enseñó. Déjenme tocar sus heridas.

Ellos lo rechazaron. Pero el niño insistió y comenzó a pasar las manos sobre los rostros heridos, fétidos y deformes de los leprosos. Y el ardor de la piel disminuyó.

De repente, un grito hizo eco en la caverna lúgubre y húmeda. Era Roboam:

—¡No toques esas heridas, niño!

Los más de veinte leprosos montaron en cólera. Los "normales" sólo invadían aquella caverna para herirlos o matarlos.

—¡Atáquenlos! —ordenó Moisés.

Su presencia era aborrecida. Acudieron con palos hacia los invasores.

—¡No hagan eso! —clamó Jesús.

De repente él escuchó la voz de María:

—¡Jesús, hijo mío!

—¡Mamá! ¡Mamá! —gritó.

Entonces algo surreal sucedió. Algunos leprosos ordenaron en voz alta.

—¡No los toquen! ¡Son sus padres!

El niño corrió y abrazó a sus padres.

—Hijo, es peligroso estar aquí.

Súbitamente Jesús miró a su alrededor y vio a los sufrientes leprosos y con su apariencia deformada. Parecía una escena de terror. Y le dijo:

—Son mis amigos, mamá.

Jesús calmó la conmoción de sus padres; era tiempo de despedirse. El niño le dio un abrazo a cada uno. Fue una escena conmovedora. Emocionados, los miserables dejaban escapar lágrimas y se preguntaban: "¿Qué niño es éste?".

Al irse, algo increíble sucedió. Moisés, el leproso que parecía un monstruo, cuya faz el niño había acariciado, recuperó su salud, restaurando la anatomía de su rostro. Él daba saltos de alegría.

Después de ese episodio, los leprosos buscaron al niño ansiosamente, pero no lo encontraron, pues José estaba trabajando en otra ciudad, haciendo una labor que le habían encargado. Por donde iban los leprosos informándose sobre él, los corrían. Algunos fueron apedreados por personas insensibles. La cabeza de uno de ellos comenzó a sangrar.

En ese exacto momento, Sofía despertó desesperada. Tuvo otro sueño intrigante de la infancia de Jesús. No sabía por qué, pero ella penetraba en las entrañas de la formación de la personalidad del niño más famoso de la historia... Se alegró por él, pero lloró por los excluidos.

28
Marco Polo: el terremoto emocional

Durante el desayuno, Sofía le contó a Marco Polo la película que había pasado por su mente. Ella lo relataba con tanta emoción y riqueza de detalles que lo conmovió. Estaba consciente de que la inteligencia del hombre que cambió la historia se movía de nuevo tras las bambalinas de sus mentes. Mirándolo a los ojos, ella le dijo:

—Claro, no fue otra cosa más que un sueño impactante. Pero por lo menos en mi inconsciente se resolvió el eslabón perdido entre el Jesús adulto encantador y el niño inspirador.

Marco Polo hizo una pausa y comentó:

—Nuestra mente tiene una creatividad fascinante, incluso más, cuando es provocada cómo durante la mesa redonda.

—Confieso que desde pequeña siempre me atrajo conocer al niño que conmemorábamos en Navidad. Me quedaba viendo los pesebres y trataba de imaginar cómo habría crecido, con quien jugaría, como enfrentaría el dolor y cómo sería con sus padres. En mi sueño, él era un niño indescriptible.

—Tengo la impresión de que los millones de seres humanos que han seguido a Jesucristo a lo largo de la historia y aún en nuestros días, no tienen consciencia plena de las causas exactas por las que creen en él. Ellos valoran sus actos sobrehumanos, su muerte en la cruz y su promesa de eternidad, pero fueron sus pequeños e inteligentísimos gestos, sus actitudes intrigantes y sus ideas revolucionarias lo que en el fondo los sedujo. Los diez parámetros que estoy usando para estudiar su mente revelan eso.

Sofía se acordó que Marco Polo usaría esas herramientas de análisis, lo que la llevó a preguntar, curiosa:

—Interesante. ¿Podrías sintetizar esos parámetros y los puntos en que Jesús haya sido excepcional?

—Todavía es temprano para hacer un análisis completo. Acuérdate que aún estamos al inicio de nuestro debate. Pero sus habilidades para filtrar estímulos estresantes, reinventarse en el caos, su empatía, su resiliencia para soportar frustraciones, su capacidad de autocontrol en los núcleos de tensión, sus habilidades pedagógicas para formar mentes brillantes y ser autor de su propia historia me están quitando el sueño.

—Acuérdate de la conferencia que diste aquí para la ONU. Tú dijiste que nunca habías estudiado a un intelectual que supiera administrar sus emociones a ese punto.

—Me acuerdo todos los días. Sé que fallé —declaró honestamente.

Mientras hacía esas comparaciones, me sumergía en su historia. En situaciones normales, Marco Polo era muy saludable emocionalmente. Pero los terremotos personales que había atravesado fueron devastadores. Le mostraban que le faltaba maestría para filtrar estímulos angustiantes, empatía para cautivar a su propio hijo, capacidad para rescatarlo y motivarlo a transformar el caos en una oportunidad creativa.

—Soy merecedor de mis emociones. Me exijo demasiado, busco ser perfecto para los demás, pero estoy consciente de que soy mi propio verdugo.

Sofía le tomó la mano derecha y le dijo delicadamente:

—Necesitas abrazarte, darte nuevas oportunidades a ti y a quien amas...

—Lo sé. No basta ser psiquiatra, es insuficiente ser investigador. Necesito ser un humano en construcción. Necesito romper la cárcel de la rutina y reinventarme en relación a mi hijo Lucas, si no, voy a perderlo...

De hecho la fama internacional y el prestigio intelectual de Marco Polo no servían de nada para cautivar a su hijo; al contrario, sólo aumentaban su rebeldía. Se acordó de la tesis "El poder compra aduladores, pero no amigos". Sin duda necesitaba rescribir su historia.

Un año antes

Después de que perdió a Anna, Marco Polo buscó acercarse todavía más a su hijo. Lucas era más importante para él que todo el oro del mundo. Pero el amor nunca ha sido el problema entre padres e hijos, sino la forma de traducir ese amor. Las exigencias son un procedimiento que produce efectos colaterales. La exigencia asfixia el diálogo. Sin el diálogo, la relación pierde la espontaneidad; sin la espontaneidad se suprime la confiabilidad; sin la confiabilidad la relación se vuelve estéril. Aun en el caso de padres inteligentes y generosos... Si no desarrollan ciertas habilidades emocionales junto con sus hijos, le relación se evapora. Marco Polo sintió eso en la piel. Nadie imaginaba que el psiquiatra viviría ese dramático guion. Antes de que Lucas se hundiera en las drogas, tuvo muchas conversaciones con él. Algunas llenas de estrés.

—¿Cómo va tu vida, hijo?

—Estoy bien.

—¿Quieres conversar... sobre tu madre, sobre nuestra pérdida?

A Lucas se le salieron las lágrimas, quería evitar el asunto. No sabía lidiar con temas tensos.

—¡No! Quiero irme a mi habitación.

—Siempre estás huyendo. ¡Vamos a platicar!

—¡No quiero! ¡Ya te lo dije! —le dijo con aspereza.

—¿Cómo que no quieres? ¿Qué haces por las noches? ¿Con quién sales? ¿Quiénes son tus amigos? —preguntó Marco Polo.

—¡Los de siempre! —dijo Lucas, sin querer extender la plática.

—¿Estás yendo con tu psicóloga?

—Es muy superficial —respondió el muchacho.

—¿Ella es superficial o tú eres el que te resistes? —cuestionó el padre.

Marco Polo no quería invadir la privacidad de la mente de Lucas. Sabía de los límites y respetaba a su hijo, pero no estaba conforme. Percibía que él continuaba utilizando drogas. Sufría por adelantado, lo que era totalmente comprensible en esos casos, aun para un psiquiatra con experiencia.

—¿Vamos a hablar sobre los motivos que te llevaron a consumir drogas?

—¡No quiero hablar! —dijo Lucas y salió caminando.

Marco Polo subió un poco el tono de voz:

—¿Cómo que no? ¿Dependes de mí y me desprecias como si fuera basura?

—¡No te desprecio! No tengo motivos para usar drogas. Tú y mamá siempre fueron cariñosos conmigo. Siempre dialogaron conmigo, incluso sobre drogas.

—¿Y por qué caíste en esa trampa? —preguntó el padre.

—¡Tú eres el psiquiatra y no entiendes!

—Soy psiquiatra, pero no soy mago ni adivino. Sólo consigo analizar lo que las personas me dicen.

Lucas suspiró. No quería tocar el asunto, pero habló rápidamente sobre el tema:

—Estaba en un grupo buena onda, donde había una muchacha bonita coqueteándome. Una vez me ofrecieron cocaína, la rechacé, la segunda ocasión también. Pero a la tercera, la muchacha me dijo "Deja de ser anticuado". Fue entonces que cedí. ¡Así fue!

—¿Prefieres ser anticuado o prisionero de las drogas?

—¡Se acabó! Te lo prometo. Confía en mí.

—¡Hijo, sé tú mismo! Soy tu padre y tu amigo. Puedes contarme lo que no te atreviste hasta ahora.

—No tengo nada que decirte. Quiero ir a mi habitación.

Y diciendo eso, salió de la sala. Lucas siempre había sido un muchacho abierto, transparente, pero la súbita pérdida de su madre, la experiencia traumática estando detenido, la acusación hiriente del abuelo, el exceso de trabajo de su padre, lo hicieron encerrarse en su propio mundo.

Antes de esos episodios, no tenía ningún gran conflicto con su personalidad. Pero Marco Polo sabía, a diferencia de lo que Freud creía, que no son necesarias pérdidas y privaciones en la primera infancia para tener un adulto enfermo. Aun teniendo una infancia feliz, si el Yo, como gestor de la mente humana, no aprende a proteger a la emoción, las experiencias estresantes pueden construir cárceles psíquicas.

Las drogas eran una de esas experiencias, aunque una buena parte de los que las experimentan salen del proceso sin volverse dependientes. No era el caso de Lucas. La pérdida súbita de su madre lo afectaba y disminuía sus límites. Comenzó a relacionarse con un grupo de alumnos de la escuela que eran consumidores. Pronto también fueron seducidos por algunos traficantes que se hacían pasar por líderes sociales. Quince días después, Marco Polo tuvo otra charla tensa con Lucas.

—Hijo, tú estás extraño. ¿Has consumido drogas? ¡Sé honesto!

—No. ¡Tú no confías en mí! —dijo con convicción, pero mentía.

—Cuida con quién andas —dijo Marco Polo.

—Puedes estar tranquilo, me sé cuidar —le replicó, ríspidamente, algo raro.

—Voy a llevarte con otra psicoterapeuta. Necesitas encontrar alguien con quien identificarte. Sufres una tensión altísima últimamente.

—¡No quiero!

—¡Pero has faltado a las sesiones con tu terapeuta actual!

—Lo voy a pensar —y salió sin querer prolongar la conversación.

Días después, Lucas fue a la fiesta de cumpleaños de un amigo. Necesitaba regresar temprano porque tenía escuela a la mañana siguiente. Un amigo mayor lo traería de vuelta. Llegó a la medianoche. Estaba emocionalmente alterado, mirando hacia todos lados, con ideas de persecución, típico comportamiento de quien usó cocaína. Marco Polo lo esperaba preocupadísimo.

Cuando pasó por la sala no vio a su padre.

—Lucas, hijo, espera —dijo, interrumpiendo sus pasos.

—Voy a dormir —dijo él, perturbadísimo.

—Espera, te lo pido.

—Tengo que despertarme temprano.

—Ya te lo dije. ¡Espérate! —dijo Marco Polo en voz más alta.

—¡Qué fastidio!

—¿Qué? Tú jamás me has visto ofendiendo a alguien, ¿cómo tienes el valor de hablar de ese modo con tu padre?

—Me controlas demasiado —dijo Lucas después de un breve silencio.

—¿Yo te controlo? Tú eres el que no tiene autocontrol. ¿Por qué estás tan agitado?

—No quieras hacerla de psiquiatra conmigo.

—Soy tu padre. ¿Por qué tienes ese comportamiento tan agitado?

Marco Polo se le acercó y vio que estaba tenso, observando todo a su alrededor.

—No consumí drogas.

—No dejes que ese demonio te atraiga.

Lucas se quedó en silencio. Su padre entendió.

—Hijo, perdimos a tu madre... No quiero perderte a ti... Las drogas pueden ser un camino sin retorno.

Lucas comenzó a llorar.

—Soy débil, papá...

—Déjame ayudarte... Yo te amo.

—Yo no sé si todavía me amo.

Y se abrazaron. Marco Polo percibió que el caso de su hijo no era sólo una experiencia peligrosa y temporal. Comenzó a establecer límites, a controlar su dinero y sus horarios. Continuaba tratando de acercársele, pero Lucas estaba deprimido, no quería conversar. Lo mandó con otra colega psiquiatra, pero él no se adaptó. Encontró una psicóloga clínica, la doctora Susan, pero la relación entre padre e hijo empeoró después de eso. Ella, queriendo ganarse la confianza de Lucas y sin entender los matices de su conflicto, lo enfrentó contra el padre:

—Tu padre es muy controlador.

—Él no me deja respirar...

—Tú debes imponer lo que piensas. En caso contrario, te quedarás siempre a su sombra.

Si había algo que Marco Polo no hacía era controlar a las personas. Él siempre decía: "Quién vence sin riesgos vence sin méritos". Siempre daba a las personas el derecho de expresar sus ideas, incluso de criticarlo. Animaba a sus alumnos y colaboradores a tener sus propias ideas, a pesar de estar en desacuerdo con él.

Marco Polo fue a conversar con la psicoterapeuta.

—Doctora Susan, la relación con mi hijo está peor. ¿Qué está pasando?

—¡Usted domina a Lucas!

—¿Cómo puede afirmar que lo domino? Siempre lo animé a luchar por sus sueños.

—Tiene que darle libertad.

—Pero la libertad sin responsabilidad es destrucción —dijo cuestionándola.

—Usted puede ser un pensador respetado, pero tiene que respetar los derechos de Lucas.

—Claro que debo respetar sus derechos, pero no puedo estar de acuerdo con que consuma drogas.

—¿Drogas? ¿De qué está hablando? Él no me dijo que estaba usando drogas.

—¿Lucas viene a las sesiones desde hace dos meses y usted no sabía que él consume cocaína? —dijo Marco Polo, abatido y disgustado.

—¿Acaso soy una diosa que sabe todo? —respondió ella con arrogancia.

—Usted no es diosa, pero por lo menos debía ser humana. Sólo los seres humanos tratan a los seres humanos. Adiós.

Marco Polo encontró otra psicóloga para Lucas, pero había un problema que él no conocía. Sin su autorización, el abuelo le había dado al joven una tarjeta de crédito sin límite. El riquísimo abuelo no sabía que el dinero mal usado empobrece tanto o más que su falta. Lucas sacaba dinero y continuaba consumiendo drogas. Y se convertía cada vez más en un especialista en disimular, disfrazar, mentir. Marco Polo luchaba para atraer a su hijo, una tarea cada día más difícil, y de repente recibió una noticia que hizo que el mundo cayera sobre su cabeza. Su teléfono sonó.

—¿Doctor Marco Polo?

—Sí, soy yo.

—Soy el doctor James, de emergencias del hospital Saint Louis. Su hijo tuvo un paro cardiaco.

El corazón de Marco Polo también parecía detenerse.

—¿Qué? ¿Cómo está él? —preguntó desesperado.

—Ahora está bien —afirmó el médico.

—¿Pero qué sucedió?

—Una sobredosis.

Ésa fue la primera sobredosis de Lucas. La segunda fue inmediatamente después de que él viajara hacia Jerusalén.

—¿Cómo? Pero... pero... —dijo, transpirando.

Marco Polo tomó el auto y ansiosamente fue a emergencias. Cuando Lucas vio a su padre, comenzó a llorar. Estaba acostado en una camilla con una sonda de suero. Desesperado, pidió ayuda:

—¡Papá, casi me muero!

—Lucas, hijo mío, ¿qué estás haciendo con tu vida?

—No sé, no sé —dijo, entre sollozos.

—¿En qué me equivoqué? —se preguntó el psiquiatra con lágrimas en los ojos, sintiéndose culpable.

—Tú no tienes la culpa. Hace dos meses que mamá murió. No consigo vivir sin ella... —dijo sollozando—, la extraño a morir...

—Yo también, hijo mío... —comentó, enjugándose los ojos—. El dolor de un hijo es inimaginable... ¡Pero honra a tu madre siendo más feliz, no autodestruyéndote!

—No consigo controlarme... Por favor, intérname...

A Marco Polo le conmovió ver a Lucas tan frágil. Lo abrazó durante un largo tiempo.

Era un buen joven, pero estaba perdiéndose por completo. Preocupadísimo, el padre preguntó:

—¿De dónde consigues dinero para comprar drogas?

—De la tarjeta de crédito que mi abuelo me dio —confesó Lucas, sacando la tarjeta de su bolsillo y entregándola a su padre.

—¿Cuál es el límite de esta tarjeta?

—No tiene límite. Puedo gastar cuanto quiera.

—¿Cómo pudo tu abuelo hacerte esto?

—No sé. Tal vez porque nunca fue un buen padre para mi mamá. ¡Pero él me ama!

—La sobreprotección es una forma de sabotaje, hijo mío. ¡Sin límites, nuestro instinto animal vence al racional! —dijo Marco Polo, completamente indignado.

Su suegro había tratado de sabotearlo la vida entera; ahora parecía querer hacerlo con su hijo. Después de este triste episodio, consternado, lo llevó a casa. El futuro era un horizonte sin rumbo, un cielo sin estrellas. Tendrían que avanzar juntos para sobrevivir.

Como estaba estudiando la última frontera de la ciencia, la formación del Yo y la construcción de la conciencia, Marco Polo cierta vez dijo algo a un público de educadores que describiría su futuro estado emocional:

—Todos debemos ser críticos del antropocentrismo, de colocarnos como el centro del universo, pero es un hecho inevitable que, por tener una consciencia existencial, nos consideremos únicos, diferentes unos de los otros. Cuando sufrimos, parece que todo el universo sufre, cuando experimentamos la soledad, todo el universo se siente solo, por lo menos para nuestra consciencia emocional.

Esas palabras rondaban la mente del propio Marco Polo mientras llevaba a su hijo de emergencias hacia su casa. Él lloraba y parecía que todo el universo estaba en llanto. Había perdido a su esposa de forma trágica, ahora tenía miedo de perder a su único hijo. Parecía que todo el universo era víctima del mismo terror. El mundo estaba colapsando frente a Marco Polo, llevándolo una vez más a entender que no hay gigantes en la vida, tarde o temprano nuestra fragilidad se expele de nuestros poros...

Después de recordar rápidamente esos episodios, Marco Polo

llamó a Lucas. La mesa redonda lo llevó a pensar mucho sobre los puentes que había construido para él. Era un profesional de la salud mental. No quería ganar discusiones ni defender su punto de vista; quería ganar a su hijo. Se acordó del debate que estaba realizando y tuvo el valor de pedir disculpas.

—Discúlpame, hijo mío. Soy un especialista en juzgar, necesito oírte más.

—No, papá, yo soy el que está mal.

—No, hijo mío. Yo soy más viejo, fui entrenado para escuchar lo que los otros tienen que decir. Pero confieso que traté de oír sólo lo que quería escuchar, y no lo que tú querías decirme...

Lucas estaba conmovido.

—Nunca imaginé que serías capaz de decirme eso. Eres más transparente de lo que imaginaba. Sin embargo, no consigo abrirme contigo.

—Tal vez porque fallé al transferirte el capital de mis experiencias.

—¿Cómo?

A Marco Polo, con un nudo en la garganta, se le humedecieron los ojos.

—Te doy orientaciones, consejos, soy un manual de ética. Pero me olvidé de hablarte de mis lágrimas para que aprendieras a llorar las tuyas.

—Hasta ahora que perdimos a mamá y que tengo problemas, nunca imaginé que tú lloraras.

—Pues estás equivocado. También quiero contarte sobre mis derrotas para que entiendas que nadie es digno del podio si no utiliza sus fracasos para conquistarlo.

—Pareces invencible. ¿Tienes derrotas?

—Varias, hijo mío.

—Pero siempre pensé que tu vida era perfecta.

Marco Polo sonrió.

—¿Sabes que sacaba las notas más increíbles?

—Sí, tienes título de genio de un instituto europeo.

Marco Polo hizo una pausa. Su hijo realmente no lo conocía.

—Pero eso fue veinte años después del colegio. En la escuela, yo era uno de los peores de la clase.

—¡No lo puedo creer!

—Pues créelo. No tenía concentración, era irresponsable, sin un proyecto de vida. Sólo después de que uní sueños con disciplina fue que reescribí mi historia.

—Quién imaginaría que el gran Marco Polo, un intelectual reconocido internacionalmente, fue un desastre en el colegio —dijo Lucas, sonriendo por fin.

—Tú sabes de los aplausos que ya he recibido, pero no sabes de los abucheos. ¡Conoces mi inteligencia, pero desconoces mis fallas de juventud!

—Pero... pero... ¿por qué no me contaste de esto antes?

—Ése es uno de mis errores. Confirmo que me faltó transferirte el capital de mis experiencias. Por eso declaro: tú eres el mayor tesoro del mundo para mí.

—¿Cómo crees? Los drogadictos somos considerados... una escoria social...

Para ese momento, Marco Polo ya estaba muy conmovido y no quiso responder, sólo comenzó a cantar para su hijo *Feliz cumpleaños*:

—Feliz cumpleaños a ti, feliz cumpleaños, querido Lucas, feliz cumpleaños a ti...

—Papá, ¿te estás volviendo loco? ¡Hoy no es mi cumpleaños!

—Lo sé, Lucas, pero estoy cantando porque todos los días soy un privilegiado de tenerte como hijo. Gracias por existir...

—Papá, yo... siempre te... decepcioné. Y tú dices que... es un privilegio ser mi... papá... Yo te amo... te amo... Perdóname.

Lucas se desahogó en llanto. No conseguía ya decir nada. Marco Polo tampoco. Ambos hablaron el lenguaje del silencio. Y de ese modo un nuevo capítulo entre ellos comenzó...

29

Michael y su hija: los impactos de la mesa redonda

Aunque se estuviera reinventando, Michael no era sólo austero como investigador y rígido como profesor, también era un amante solitario. No sabía cautivar e involucrarse con Sarah, su esposa. Pero su desempeño más enigmático era como padre. Tenía una única hija, Bella, que padecía síndrome de Down.

Cuando ella nació, su rostro indicaba el síndrome, y el neurocientífico quedó decepcionado, enmudecido, aislado. Soñaba con su hija brillando como él en las ciencias. Los hijos son la alegría de sus padres o su frustración, principalmente si los padres son miopes.

—Michael, juega con Bella —le decía mil veces, Sarah.

Él siempre anteponía excusas. Su falta de tiempo era, en realidad, falta de amor. Raramente se involucraba con su pequeña niña, y, cuando lo hacía, no se entregaba.

Pasaron cinco años y Michael todavía tenía dificultades para cargarla, salir con ella por las calles, andar de la mano en los parques, jugar a esconderse atrás de los árboles. Era un hombre inteligente, responsable y ético, pero el *bullying* en la infancia por ser obeso, la rigidez de sus padres y su timidez en la adolescencia entorpecieron sus sentimientos.

—¿Tienes una hija? ¿Cómo es? —indagaban algunos colegas de la universidad.

—¿Ella? Es bella, dócil, inteligente... —y, avergonzado, terminaba cuanto antes el tema. Nunca contaba que la niña tenía síndrome de Down.

Michael no conseguía hacer de Bella una flor tan especial como su nombre. Cuando llegaba a casa, se encerraba en su oficina para leer, escribir artículos o ver series. Sarah, por su parte, era médica oncóloga y trabajaba mucho. Lidiaba con la muerte con frecuencia. Era una mujer sensible, necesitaba de calidez, compañerismo, diálogo. Pero Michael era un especialista en exigir sin dar. Vivía la tesis de su amigo Marco Polo: "Sin gestión de emociones, las parejas comienzan su relación en el cielo del romance y lo terminan en el infierno de la fricción".

No obstante, Michael estaba en proceso de cambio. La mesa redonda estaba transformando su mente, cambiando sus parámetros. A veces le contaba algunos de los momentos de los debates a Sarah. Pero lo hacía superficialmente, ahorrándose palabras. Cierta noche la saludó de forma diferente:

—Sarah, ¿cómo te fue hoy?

—¿Te pasó algo? —le preguntó ella, curiosa.

—¿Por qué? —indagó Michael.

—Nunca me preguntas cómo me fue.

—¿En serio? Pensé que era un marido más amable.

Sarah lo miró bien a los ojos y le dijo con todas las letras:

—¿No te das cuenta de que soy una viuda con su marido vivo? No, peor todavía: soy una esposa cuyo marido la traiciona con frecuencia...

—¿Yo? ¿Traicionarte? ¡Te estás volviendo loca, Sarah!

—No se traiciona sólo sexualmente. Se traiciona con la indiferencia, con las redes sociales, con el internet, con las series.

—Pero yo no creo ser indiferente.

—Perdiste la sensibilidad, Michael. ¿Sabes cuánto tiempo hace que no me das un beso de verdad?

—Bueno... ¿Hace mucho tiempo?

—¡Un año!

—¿Un año? ¡Entonces, soy un asexuado! —dijo, bromeando.

—¿Tienes idea de hace cuánto no hacemos el amor?

—No me hagas preguntas difíciles...

—Treinta y siete días.

—Soy un asexuado, realmente... —y le ofreció una disculpa—: ¡Es la ciencia! ¡Los científicos agotan su cerebro pensando, raramente tienen mucho vigor sexual!

—Cuando se te enfrenta, lo tomas a broma; cuando algo no te parece, te conviertes en un león. ¿Quién eres tú? Parecemos una pareja al final de su camino. Esto no da más —dijo ella respirando hondo. Estaba cansada de esa relación fría.

—Sarah, yo te amo —declaró, preocupado. Por primera vez tuvo miedo de perderla.

—El amor verdadero es imperfecto, yo lo sé. Pero, sin voluntad, se vuelve estéril. No encanta ni inspira —dijo Sarah con madurez.

Michael tenía un nudo en la garganta. Trató de saldar esa inmensa deuda emocional:

—Voy a cambiar. ¡En serio!

—¿Sabes cuántas veces al año me prometiste que ibas a cambiar en el último?

—¿Exigiéndome de nuevo?

—No te exijo, sólo decidí llevar la cuenta. Fueron veintidós veces. Veintidós promesas no cumplidas. Veintidós veces que me traicionaste, Michael. Más que eso: que te traicionaste a ti mismo.

—Pero...

Cuando él iba a argumentar, ella continuó arrojando su indignación y sus razones:

—Yo admiraba tu intelectualidad, tu perspicacia, al científico soñador. Hoy, tu ciencia me provoca repugnancia. Estoy cansada de hombres cartesianos, lógicos, críticos, pero vacíos. Hombres como tú aman al propio ego y a nadie más.

—Sarah, ¿qué argumento es ése? Te pareces a Marco Polo.

—Marco Polo amaba a Anna. La elogiaba todas las veces que salíamos juntos. Era inspirador. Le importaban sus sentimientos. Era un caballero.

—¿Y yo soy un traste? Tú, siempre me acusas, siempre...

Michael iba a continuar rebatiendo a Sarah, provocando otra guerra personal, pero interrumpió sus argumentos y súbitamente dijo:

—¡Pablo! —acordándose del mentor de Lucas.

Recordó que Pablo no sólo tuvo el valor de relatar sus locuras a Lucas, sino que permitió que las contase al mundo. Mientras él, Michael, era una caja negra, nunca reconocía sus propios errores, nunca pedía disculpas, era un especialista en defender sus posiciones. Lo que importaba era ganar las discusiones, nunca la persona con la que discutía.

—¿De quién hablas? —preguntó Sarah, curiosa.

—No, de nada. Me acordé de un personaje que estudiamos en la mesa redonda.

—Mientras yo te hablo, tú piensas en otra cosa. ¡Siempre es así! Soy el pie de página de tu historia.

Él observó que de su ojo derecho salía una lágrima. Conmovido, le dijo:

—Mis más sinceras disculpas... Tienes razón.

Admirada, ella le dijo:

—¿Me estás dando la razón? Deja de ser falso. Tú nunca pides disculpas...

Por primera vez fue profundamente humilde y analizó sus prisiones mentales sin miedo.

—De hecho soy cartesiano, exhalo pensamiento lógico en mi cerebro... No sé entregarme, no sé extender las manos, soy impaciente, mi nivel de tolerancia a las frustraciones siempre fue bajo... —su voz se quebró—. No sé entregarme... Hasta que te conocí...

Sarah estaba sorprendida por las palabras de su pareja. No parecía el mismo. Pero ella se sentía tan herida que aprovechó para descargar sus viejas heridas:

—Y vaya que no sabes. Nunca supiste amar a Bella... Discúlpame, pero parece que te da vergüenza... tener una hija especial.

En ese momento, Michael no lo soportó. Sarah tocó la herida prohibida. Gritó dos veces:

—¡No digas eso! ¡Me estás ofendiendo!

Ella bajó el tono de voz y le recordó:

—Entonces, ¿por qué no juegas con ella?

Él se rindió. Las lágrimas se le escaparon.

—Soy oncóloga y voy a continuar abriendo tu tumor emocional. A no ser que no me lo permitas —y continuó usando el bisturí de las palabras—: ¿Por qué no te escondes atrás de las sábanas o de los tapices y llamas a Bella para jugar a las escondidas? ¿Por qué eres tan tímido para hacer que sonría? Cualquier padre que se precie es un especialista en buscar la felicidad de sus hijos.

Michael colocó las manos en su rostro, desesperado. No conseguía conservar su careta. Dejó correr lágrimas incontenibles. Confesó su frustración por tener una hija especial.

—Yo soñaba con una niña... que creciera... que fuera una pensadora como yo. Soñaba en que escribiera libros... que dejara un legado para... la humanidad... Pero Bella...

—Tu hija no puede dejar un legado social, pero puede dejarte un legado a ti... ¿No lo entiendes? —expresó Sarah también con lágrimas en los ojos.

Sarah, viéndolo derrumbarse, fue generosa con él. Ya no señaló sus fallas, sólo lo abrazó. Todo hombre, por más rígido que sea, esconde un niño que necesita el abrazo de una mujer. Michael, siempre autosuficiente, arrojó su escudo y se dejó proteger por su esposa.

—No te castigues. Sé que esto es duro para ti, pero es la primera vez en años que hablas del ser humano que está dentro de ti. Si te escondes detrás del intelectual, del científico, nunca podrás deshacerte de los despojos de tu mente —dijo ella afectivamente. Y agregó—: Tú puedes y debes ser un buen padre.

Esas palabras lo inspiraron. Después de todo el impacto que tuvieron los últimos debates con Marco Polo, él concluyó algo que se guardó para sí, pero que ahora compartía con Sarah:

—El infierno emocional está lleno de escuelas y padres bien

intencionados. Necesito educar mi emoción y administrar mi mente. Esto es tan nuevo que me pierdo en algunos momentos. Necesito reinventarme, renovar mi forma de ser. Es duro admitirlo. Parece que me diera vergüenza nuestra hija, pero en el fondo tengo vergüenza de mí... —y en ese momento el llanto volvió a desatarse—. Por eso nunca la llevé a la universidad, a la escuela, al centro comercial... Soy un monstruo...

—No, querido, tú eres sólo un ser humano imperfecto... —de nuevo lo abrazó.

Pegado a su hombro Michael le agradeció.

—Gracias... Voy a ser un humano en construcción...

De repente, a pesar de que eran las once de la noche, Bella despertó. Fue hasta la recámara de sus padres y al ver las lágrimas escurriendo del rostro de Michael, la pequeña se entristeció. Se abrazó a su pierna y comenzó a decir con insistencia:

—Papi, papi... te amo. No llores, no... Bella está aquí.

Él se agachó y cargándola le dijo:

—Tú tienes más inteligencia emocional... que papá.

Ingenua, ella gritó:

—¡Y tú eres... el mejor...papá del mundooooo!

En ese mismo momento, algo inesperado sucedió. La puerta del departamento de la pareja fue derribada. Asustados, escucharon pasos y se dieron cuenta que su casa había sido invadida. Como estaban en su recámara, desesperados, se escondieron dentro del baño. Tres personas encapuchadas comenzaron a revisar cajones, armarios, escritorios. Al llegar a la recámara principal tomaron la laptop de Michael. Enseguida trataron de abrir la puerta del baño. Como estaba asegurada, uno de los ladrones le dio un puntapié.

La familia estaba en estado de choque. Michael agarró a su hija con el mayor cariño del mundo. Quería protegerla con la propia vida. Como se dio cuenta que los invasores iban a derribar la frágil puerta, él gritó:

—¡Tomen lo que quieran, pero dejen a mi familia en paz!

Ellos volvieron a patear la puerta. Bella, asustada, comenzó a sollozar fuertemente.

Michael la abrazó y besándola, trató de consolarla, diciéndole bajito:

—¡Papi está aquí! ¡Papi está aquí!

—Gracias, papi. Te amo —dijo ella, generosamente.

—¡Abran la puerta o dispararemos! —dijo otro de los ladrones a gritos.

Angustiado, Michael les dijo de nuevo:

—Estoy con mi hija pequeña. Ella está muy asustada. Por favor, llévense todo. ¡No nos hagan daño!

Michael se acordó de la amenaza que recibió durante la mesa redonda y le entró una gran ansiedad. Cuando los ladrones iban a disparar a la cerradura, todos escucharon las sirenas de la policía. Llegaron varios autos. Los invasores salieron huyendo apresuradamente.

Pasado el tremendo susto, Michael no se separó de Bella. Todo el tiempo la tuvo en sus brazos mientras informaba a los policías lo que había pasado. Sarah, aunque deprimida, los veía a los dos con alegría. Quería quitarle a Bella para llevarla a descansar, pero ella ya no era un peso más para el padre, y sí una fuente indecible de alegría. Él insistía en estar abrazado a ella.

Y, a partir de ese momento, la relación de Michael con Sarah y Bella dio un giro emocional sin precedentes. En la tarde del día siguiente, él cambió su rutina, insistió en llevar a su hija a la universidad. Todos se cautivaban con Bella. Cariñosa y entregada, abrazaba y besaba a quienes se iban encontrando. Michael se dio cuenta de que su hija era más sociable y admirable que él. La sensibilidad había vencido a la razón.

El neurocientífico también hizo un gran descubrimiento. Entendió que los niños especiales son tan fascinantes que causan la perplejidad de sus educadores, pues, a pesar de las excepciones, son más pacientes, dóciles y tolerantes que el promedio. Fue así que un padre mentalmente rígido comenzó a bailar el vals de la emoción con las piernas libres.

30
El ataque terrorista

Era un día como cualquier otro, pero los acontecimientos que sucederían lo transformarían en un espacio de tiempo extraordinario. El doctor Alberto se encontraba en sus aposentos, leyendo, reflexionando, escribiendo. Estaba animadísimo por todos los debates sobre la biografía de Lucas. De repente, alguien tocó a su puerta y le entregó una carta timbrada con el sello papal. Era un sello idéntico al que conocía, pero nunca había recibido una carta especial. La abrió en cuanto llegó a sus manos. El contenido era escandaloso. Contenía una sola frase:

Alberto, regrese inmediatamente al Vaticano, pues el debate del que usted está participando en Jerusalén es una afrenta.

Alberto estaba perturbadísimo. No entendía lo que estaba sucediendo.

"¿Habré ofendido a la Curia Romana?", pensó angustiado. La urgencia del pedido era tanta que ni siquiera podría despedirse personalmente de sus amigos. Estaba decaído. Afligido se preguntó: ¿qué error cometí? Nuestros debates son de una profundidad única. ¿Está prohibido pensar? ¡Justo ahora que regresé a mi primer amor por el Creador, como cuando inicié mi carrera!

Abatido, pensaba, mientras preparaba su maleta. Cuando estuvo listo, tomó su teléfono y se preparó para llamar al doctor Thomas. Antes de marcar su número y darle la pésima noticia, una llamada entró primero. Era el secretario general de la Catedral de San Pedro. Se puso a temblar.

—¿Alberto?

—¡Sí!

—Habla Antonio Carminati.

—Qué gusto, don Antonio. ¿Pasó algo? —dijo, respirando con incomodidad.

—No, al contrario. Me gustaría felicitarlo por el inteligentísimo debate en esa admirable mesa redonda.

—¿Cómo? Pero... ¿Usted lo ha estado siguiendo? —preguntó alegre el doctor Alberto.

—¿Cómo iba a perdérmelo? Millones de personas los observan a ustedes todas las noches, como si fuera una serie de televisión. Conozco a muchos que sólo hablan de eso. Los debates están transformando nuestras mentes.

—No lo sabía.

—Conocimos a Nuestra Señora desde una perspectiva que nunca habíamos estudiado. ¡Qué inteligencia tenía! ¡Qué osadía! ¡Qué capacidad de proteger su emoción! ¡Qué autoestima tan sólida! Su impacto fue tan grande que el papel de la mujer está siendo cuestionado dentro de la Iglesia. Ellas tienen derecho a ser más activas, participativas, formadoras de opinión. Más de mil instancias en varios países están discutiendo los asuntos que ustedes proponen.

—Guau, estoy muy feliz —declaró el doctor Alberto, sin poder contenerse.

Antonio Carminati estaba tan eufórico que siguió hablando de los resultados de la mesa redonda:

—La inteligencia de Jesús es simplemente sorprendente. Las pruebas de estrés que él pasó nos quitaron el sueño. Sus habilidades emocionales y su autoestima para formar pensadores a partir de piedras brutas son tremendas. Conocíamos al hijo de Dios, pero no al hijo de la humanidad.

—Yo también estoy perplejo, reconsiderando mis paradigmas.

—Nos equivocamos al no estudiar la mente de Jesús bajo el ángulo de la ciencia. Dos mil años de grave error.

Y enseguida el secretario papal declaró:

—Me gustaría conocer al doctor Marco Polo y a los demás miembros de la mesa redonda algún día.

—Les haré llegar su invitación.

—Continúe, no lo deje.

—Secretario, por cierto... Estoy preocupado. Recibí una carta papal diciéndome que es urgente que vaya al Vaticano.

—Qué extraño... Puede ser falsa.

—El sello parece el del Papa. ¿Por qué está tan seguro de que es falsa?

—Porque soy yo quien distribuyo las cartas enviadas personalmente por el Santo Padre —afirmó Antonio Carminati. Y agregó—: Alguien quiere hacerle una broma de mal gusto o sabotear la mesa redonda.

Alberto se quedó intensamente preocupado.

La mesa redonda comenzaba todos los días a las siete de la noche. Al llegar a la nueva sesión el doctor Alberto narró los hechos tan pronto encontró a sus amigos en uno de los corredores de la universidad.

Enseguida, llegó Michael y lo escuchó intrigado. Alberto les contó la alegría que don Antonio Carminati le dio y, al mismo tiempo, de la extraña carta que había recibido.

Michael padecía un tic nervioso. No dejaba de tronarse los dedos. Después del relato del teólogo del Vaticano, les contó la dramática experiencia de tener que encerrarse en el baño con su hija y su esposa. Todos se pusieron muy nerviosos.

—¿Qué hay detrás de todos estos peligrosos sucesos? ¿Habrá alguna conexión con los hechos que Marco Polo y Sofía vivieron, la persecución que sufrió Alberto, la carta enigmática y el drama de Michael? —indagó el doctor Thomas, tenso.

—¿Son eventos aislados, fruto de lobos solitarios, o una conspiración de un grupo radical? —indagó Michael, pensativo.

—No es posible que quieran sabotear la mesa redonda. No le hacemos mal a nadie —cuestionó Sofía.

—A no ser para las mentes rígidas, que odian pensar en otras posibilidades —especuló Marco Polo.

—Tal vez tengamos que prohibir la transmisión del debate por internet —ponderó Michael.

—Pero las ganancias son enormes no sólo para nosotros, sino también para los espectadores —ponderó el doctor Alberto.

Mientras ellos discutían esos asuntos, el tiempo pasó. Estaban quince minutos atrasados. Había muchas personas afuera de la sala del debate esperando a que ellos entraran, pues la puerta sólo se abría con la presencia de los participantes.

—Conversaremos sobre estos asuntos después —dijo Marco Polo.

Todos se dirigieron a la sala del debate. Tuvieron que atravesar la multitud sedienta de escucharlos. Algunos les pedían tomarse *selfies*, atrasándolos todavía más. Cuando abrieron la sala y los cinco intelectuales caminaban rumbo a la mesa, hubo un estruendo ensordecedor. Había una bomba escondida en la sala, lista para explotar cuando el debate ya hubiera comenzado.

El tumulto fue grande, las personas cayeron unas encima de las otras. Pánico, llanto, gritos por todos lados. Marco Polo tuvo que proteger a Sofía para que no la pisaran. Afortunadamente nadie resultó lastimado.

Pero si no hubiera sido por el atraso, las consecuencias hubieran sido inimaginables. No sólo los ponentes estarían muertos, sino también muchos espectadores.

La policía especializada en ataques terroristas tuvo que revisar cada esquina de la universidad. Era la primera vez que una bomba explotaba dentro de la institución. Los participantes al debate fueron interrogados durante mucho tiempo.

Sofía lloraba apoyándose en el hombro de Marco Polo. Después del interrogatorio detallado y de idas y vueltas, el doctor Thomas sugirió a los amigos:

—Dentro de mí hay una voz diciendo que no detengamos los debates. Pero debemos ponderar los riesgos.

—Sería una pérdida irreparable, pero, tal vez sea... sea mejor tomarnos un tiempo... —expresó el doctor Alberto, angustiado.

—Mi vida está de cabeza por esta mesa redonda, pero no puedo esconder que tengo miedo de continuar... —afirmó Michael.

Sofía, que parecía la más frágil, mostró ser la más fuerte:

—Ustedes, los hombres, son tímidos. Claudican ante los primeros obstáculos. ¿No hay millones de personas viéndonos?

—Sí —dijeron los otros.

—¿Y no son muchos los que están usando las herramientas emocionales que discutimos para expandir su calidad de vida en esta sociedad desequilibrada y consumista?

—Sí —afirmaron nuevamente.

—Entonces no nos acobardemos —dijo ella, intimidante.

Marco Polo la miró firme y la admiró solemnemente. En sintonía con ella, afirmó:

—Me resistí a estudiar la inteligencia de este personaje histórico por dos décadas. Me parecía una pérdida de tiempo —pasándose las manos por el rostro, completó su argumento—: pero lo reafirmo: al analizar la psique de Jesús, esperaba encontrar a alguien frágil, previsible, común, sin actitudes singulares, con una emoción sin brillo y un intelecto tosco, pero nunca me sentí tan perplejo ante una inteligencia tan compleja y, al mismo tiempo, nunca fui tan desafiado a conocerme y a construir nuevas ideas. ¡Voy a correr todos los riesgos, pero no voy a dejar de estudiarlo!

Sofía sonrió y declaró:

—Acuérdense: Jesús, el hombre, pasó, él solo, por las más sorprendentes pruebas de estrés y no retrocedió ni un milímetro en su proyecto. Yo tampoco daré marcha atrás.

—Pero el rector de la universidad cerró todas las puertas. Tiene miedo de nuevos ataques —ponderó Michael.

—Entonces vayamos a las calles de Jerusalén —los instigó Marco Polo, con una idea irreverente que se le acababa de ocurrir—: ¡Vamos a seguir los pasos que ese hombre misterioso dio!

¡Vamos a visitar los lugares por donde Jesús actuó y habló a quienes lo seguían! Tal vez sea más seguro estar al aire libre en Jerusalén que en ambientes cerrados.

Los demás participantes se quedaron pensativos durante unos instantes frente a la propuesta, luego, en un estallido de alegría a una sola voz, dijeron:

—¡Vamos!

—La próxima mesa redonda será sobre el Sermón de la Montaña, que era el asunto que habíamos preparado para el debate que cancelamos —comentó Marco Polo, entusiasmado.

—¿Realizaremos la discusión en el mismo lugar donde Jesús proclamó, para una multitud deslumbrada, su famosísimo discurso? —preguntó Sofía, eufórica.

—¡Ésa es la propuesta! —confirmó el psiquiatra.

Dos personas que estaban de guardia observándolos oyeron la idea de Marco Polo. Participaban del debate como espectadoras y habían formado un grupo llamado "El hombre más inteligente de la historia". Enseguida divulgaron en las redes sociales el encuentro al aire libre. De ese modo, aun corriendo riesgos imprevisibles, Marco Polo, Sofía, Michael, el doctor Alberto y el doctor Thomas comenzaron a discutir en vivo y a color las ideas y los comportamientos de Jesús en las calles de la mágica ciudad. Contrario a los millones de turistas de más de cien naciones que visitaban esos lugares famosos, los debatientes estaban interesados en entrar en las capas nunca antes penetradas, y en descubrir los recovecos de la inteligencia del hombre que revolucionó a gran parte de la humanidad.

Jerusalén nunca fue tan electrizante y enigmática.

31

El Sermón de la Montaña: el tratado más fascinante sobre la felicidad

Marco Polo llegó de camisa verde con un estampado discreto de flores amarillas. Se quitó el blazer oscuro que siempre lo caracterizaba. El intelectual no entendía cómo se combinaba la ropa. Era daltónico. Algunas veces ya se había puesto zapatos de pares diferentes y calcetines de colores distintos. Los debates ya no serían por la noche, ahora ocurrirían a la luz del día o por la tarde. Él parecía feliz, libre para debatir el magno discurso. El psiquiatra subió lentamente el monte donde la tradición dice que Jesús habló.

Llegando a la cima, estuvo imaginando a la multitud al pie de la montaña. Oyendo los ecos de las palabras del intrigante hombre de Nazaret. Más de una centena de personas acompañaba a los ponentes. Al llegar a la cima, la brisa enfrió sus rostros. Se sentaron en las piedras y en bancos improvisados. Las personas hicieron un círculo alrededor de ellos. Algunas los filmaban con sus teléfonos móviles.

Era sorprendente cómo el debate parecía una orquesta. Marco Polo era el maestro que provocaba que todos tocaran el instrumento del pensamiento crítico. Y lo hacían de forma brillante, hasta cuando no estaban de acuerdo o se cuestionaban uno al otro. Más tarde, Michael, relajado, comentaría:

—Marco Polo, sus análisis sobre la mente de Jesús son incitantes. No me transformé en una persona religiosa, pero pasé a cuestionar mi rigidez y mis prejuicios.

Traía consigo a su hija, Bella, entre sus brazos, ella se entretenía jugando con su cabello. Era una imagen afectiva surreal en aquella misteriosa montaña, un reflejo de que, con el desarrollo de los debates, Michael nunca más sería el mismo. Esta vez Sarah, su esposa, estaba presente, entre el público.

—¿Que otras sorpresas nos aguardan? —preguntó Sofía sin demora.

—Yo conozco bien el Sermón de la Montaña —confirmó el doctor Thomas—. Defendí una tesis de doctorado basada en él.

—Entonces, por favor, doctor Thomas, la palabra es toda suya —dijo Marco Polo humildemente.

—En este momento, no, doctor Marco Polo. Escribí desde la esfera teológica. Tengo deseo de aprender el discurso de Jesús desde la esfera psicológica y sociológica —afirmó, como un alumno apasionado por el aprendizaje.

Sin detenerse, el psiquiatra e investigador comenzó a presentar su análisis para ser reflexionado y debatido. Desde su tesis inicial, sorprendió al público:

—En primer lugar, ¡el Sermón de la Montaña es el mayor tratado sobre la felicidad y la prevención de trastornos emocionales de la historia!

—¡Increíble! ¿Jesús se anticipó dos mil años al hablar sobre la prevención psíquica?

—Hoy la ciencia todavía está en pañales respecto a ese asunto. ¿Cómo es posible? Estoy ansiosa de revisar las bases que sustentan esa magna tesis —comentó la psiquiatra Sofía, admirada.

—¿Un tratado sobre la felicidad y la prevención de enfermedades psíquicas?

—Nunca vi el Sermón de la Montaña bajo esa perspectiva —dijo, sorprendido, el intelectual de Harvard.

Enseguida, Marco Polo comenzó:

—Pero, como el asunto es vastísimo, ahora vamos a hablar sobre la felicidad. Les pregunto: ¿la felicidad es un fenómeno psicológico vital para el ser humano?

—Aunque "ser feliz" sea de difícil concepción y tenga mil variantes, como alegría, placer, satisfacción, no hay duda de que la búsqueda de la felicidad es el objetivo fundamental del científico, del amante, de los poetas, de los hijos, de los padres, en fin, del ser humano —afirmó Michael.

—Te amo, papi —dijo Bella cuando su padre terminó de hablar. Enseguida besó su rostro como si estuviera entendiendo sus ideas. La emoción de Michael se disparó a las nubes. A Sarah, la madre, se le salieron las lágrimas.

Marco Polo, de forma poética, discurrió sobre el tema:

—La felicidad siempre recorrió las arterias de la motivación humana. Los reyes la han buscado utilizando su poder, pero ella les dijo: "El poder no puede controlarme". Las celebridades han tratado de cautivarla con su brillo, pero ella clama: "No me encuentro bajo los reflectores".

Todos aplaudieron al científico.

Inspirada por él, Sofía continuó la poesía:

—Los generales trataron de rendir a la felicidad con sus armas, pero ella les aseguró: "No me someto a la cárcel del miedo". Los millonarios trataron de conquistarla con su dinero, pero ella gritó: "¡No estoy a la venta!". Los jóvenes trataron de apropiarse de ella corriendo el riesgo de morir, pero ella clamó: "Tranquilícense, yo me escondo dentro de ustedes".

Todos, también, le aplaudieron a Sofía por su sensibilidad.

Marco Polo comenzó a contarles que uno de los más antiguos relatos de la búsqueda de la felicidad fue protagonizado por uno de los más sabios reyes del pasado, Salomón:

—Salomón tal vez haya sido el primer gran líder que buscó la felicidad como objetivo de vida. Hombre ético y culto, para él, ser feliz era tener relaciones sociales saludables. Por eso escribió su inteligente libro de proverbios. Sin embargo, se perdió en el poder, sobre todo porque creyó que ser feliz era nutrir su emoción con todo lo que sus ojos deseaban. Agotó su cerebro, se deprimió y llevó su índice GEEI a las nubes.

El público se entristeció. Para muchos de ellos, el sabio rey Salomón era un personaje histórico intocable.

—Pero... pero... ¿En qué consiste ese error compulsivo de Salomón? —preguntó el doctor Alberto. Después, analizando lo que Marco Polo quería decir, comentó—: De hecho, Salomón tuvo oro, ropas finísimas, palacios, sirvientes. Y todavía más, tuvo mil mujeres: setecientas esposas y trecientas concubinas.

—¡Ese hombre era un depravado sexual! —exclamó Michael.

Muchos soltaron las carcajadas.

—No voy a juzgar la patología de Salomón. ¡Pues fue atormentado por mil suegras! —afirmó Marco Polo. Hubo más risas—.

Bromas aparte, la sabiduría de ese rey era magnífica. Aun un hombre inteligentísimo se puede perder en el poder si a lo largo de la vida, no regresa a sus orígenes, no se autocritica, no practica la contemplación, no hace germinar mínimamente sus emociones. Por eso, cierta vez Jesús observó: "Miren los lirios del campo, ved cómo pueden ser tan bellos. Ni Salomón se vistió como uno de ellos".

—Bajo el ángulo de la gestión de las emociones, ese pasaje es una crítica a la salud emocional de Salomón —comentó el doctor Thomas—. ¡Tal vez ese rey haya sido la primera celebridad mundial! Hasta la reina de Saba, de un reino distante, vino a homenajearlo. Pero él estaba... estaba...

Viendo la dificultad del doctor Alberto de concluir su argumento, Marco Polo osadamente concluyó su frase:

—Emocionalmente desnudo... Salomón se vestía con ropajes de oro, pero emocionalmente estaba descubierto, sin protección, sin capacidad de conquistar lo que el dinero y el poder no pueden comprar, en fin, sin vestir "los lirios del campo".

—¡Fascinante! La búsqueda de la felicidad, cuando se persigue de forma equivocada, te lleva, de hecho, a la autodestrucción. El resultado fue que Salomón era tan enfermizo, pesimista e infeliz que escribió de forma poética que todo era vanidad. Había perdido el placer de vivir mientras Jesús era capaz de sentir alegría ante la vista de un lirio —ponderó Sofía, que también conocía esos textos.

—Ése es el contraste entre un excelente gestor de la emoción y uno pésimo. El consumismo llevó a Salomón a ser un vagabundo emocional viviendo en un palacio. Actualmente, en las sociedades modernas, la ansiedad alimenta el consumismo y el consumismo retroalimenta a la ansiedad, volviéndose una de las grandes causas de la era de los mendigos emocionales. ¡Ese tema debería ser imborrable! —declaró Marco Polo.

Dos bellas jóvenes cruzaron miradas; se sentían emocionalmente miserables. Todas las semanas se compraban alguna pieza de ropa nueva, de marca.

—¿Cómo puede la búsqueda desenfrenada de placer generar infelicidad? ¿Cuál es el mecanismo mental? —preguntó Isabella, una de ellas.

Marco Polo la vio a los ojos y respondió:

—La emoción es el fenómeno más liberal de la existencia, más que las democracias políticas. Quien tiene diez casas no es diez veces más feliz que aquel que tiene una sola casa. Tener no es ser. La causa de eso es un fenómeno inconsciente llamado psicoadaptación. La frecuente exposición al mismo objeto o al acto de comprar, activa ese fenómeno disminuyendo los niveles de placer. Por ejemplo, al comienzo de la carrera, una celebridad siente un altísimo placer en dar un autógrafo, pero, en el auge de su profesión si no administra su emoción, los autógrafos pueden hacerle sentir angustia.

—Déjame ver si entendí. Un rico con el tiempo pierde el placer de subir a su Ferrari, pues se psicoadaptó al estímulo, mientras una persona pobre puede estar muy alegre al subir por primera vez en un auto cayéndose a pedazos —comentó Michael.

—Correcto.

—Creo que merezco algunos aplausos —bromeó el neurocientífico.

Bella, su hija, aplaudió antes que nadie. Después los demás se sumaron al aplauso.

Tanto los ateos como los religiosos que asistían al debate se enfrentaban a sus fantasmas emocionales, incluso el propio Marco Polo. Su argumento quitaba el velo de los conflictos humanos históricos:

—Además de Salomón, otra búsqueda irrefrenable por la felicidad se narra en la epopeya de Gilgamesh, rey de los sumerios, relatada muchos siglos antes de Cristo —dijo el psiquiatra.

El doctor Alberto había estudiado esa epopeya en sus tesis, por eso se adelantó:

—Gilgamesh persiguió la inmortalidad como el objetivo mayor del ser humano. Para él no había felicidad plena sin ella.

—Es indiscutible que la muerte es un accidente en la historia de todo mortal. Billones de células reaccionan contra una situación de riesgo pues están programadas genéticamente para vivir. Es el cáncer el fruto de células que quieren ser eternamente jóvenes. Pero las células cancerígenas son egoístas, viven sólo para ellas y sus hijas, faltándole al respeto a la unidad del organismo —comentó Michael Gates, el neurocientífico.

—Si sus células detestan morir, ¿por qué usted es ateo, Michael? —ironizó el doctor Alberto, sonriendo.

—Estos religiosos satanizan el cerebro de los ateos —dijo Michael, entrando al juego. Y después agregó—: Creo que algunos ateos están tan armados como los religiosos más encarnizados. Yo era así, lo confieso. Soy escéptico, pero mi mente ya no es una caja fuerte cerrada, doctor Alberto. Admito que nunca me sentí tan bien en debatir con personas tan diferentes.

Sarah, en medio del público, dio un suspiro y sonrió levemente. Ése era el Michael con el que se había casado. El poder intelectual lo había debilitado, pero ahora volvía a sus orígenes.

—La angustia generada por la fragilidad de la vida y por la muerte, mueven gran parte del PIB mundial —afirmó Marco Polo.

—Tiene sentido —ponderó Jacob Moscovitt, un coronel de las fuerzas armadas de Israel, desde el público—. El sistema de salud, los mecanismos de seguridad de los productos, la industria de seguros, el sistema judicial, las fuerzas armadas sólo existen porque el ser humano es frágil, sujeto al dolor y mortal.

—Interesante —dijo la doctora Sofía—. ¿Quiere decir que la búsqueda de Gilgamesh por superar la muerte es la búsqueda esencial incluso para los ateos?

—¿Cómo dice? —preguntó Marco Polo, curioso.

Sofía concluyó:

—Cuando los ateos defienden sus ideas, ellos están en busca de la libertad de expresión, pero tarde o temprano son atropellados por la muerte, que vulnera esa libertad.

—Es un razonamiento inteligente —dijo Marco Polo con humildad.

—Cuando Sócrates fue condenado a tomar cicuta, el veneno que paralizaría sus órganos para silenciar sus ideas, él les dijo a sus enemigos que continuaría filosofando en la eternidad.

Todos admiraron la osadía del pensador de la Grecia antigua.

—Nosotros los ateos, nos esforzamos al máximo para encarar la muerte con naturalidad. Nuestras lágrimas nos denuncian —comentó Michael.

Por fin, Sofía agregó:

—Usamos técnicas psicoterapéuticas y ansiolíticos para controlar la ansiedad, pero no podemos ser arrogantes y negar que la búsqueda de Dios, independientemente de la cultura y religión, es una búsqueda legítima para aliviar la angustia frente a la inevitable finitud de la vida.

—También eso tiene sentido —afirmó Michael sin más argumentos.

—Pero la religión, sea cual sea, sin altruismo, sin empatía, sin protección de las emociones y con un tope mínimo para las frustraciones, asfixia la salud emocional y transforma la felicidad en una utopía —expuso Marco Polo una vez más.

—Estoy de acuerdo —suscribieron el doctor Thomas y el doctor Alberto simultáneamente.

Y, así, la mesa redonda orquestada por Marco Polo debatió libremente los más diversos temas sin miedo. Para ellos, el comportamiento de religiosos y ateos, de no sentarse a debatir con respeto e inteligencia sus tesis, era infantil.

—Europa está en llamas por causa tanto de los islamistas, como de los cristianos y los intelectuales... Cada uno de ellos vive en su isla. Debería haber miles de mesas redondas como ésta, pero son tan raras como los delicados diamantes —comentó Marco Polo.

Enseguida, continuó con su explicación:

—En el siglo VII a.C., Solón tenía el concepto de que la felicidad era morir gloriosamente por la patria o por alguien a quien se ama. Su tesis le desagradó a cierto rey de nombre Creso, que creía que la felicidad se encontraba en la acumulación de riqueza material y poder.

—Bien, la tesis del rey Creso es muy actual, pues ésa es la creencia del capitalismo —afirmó el evolucionista Charles Deloid, que también estaba entre el público, a cinco metros de ellos—. Me volví ateo porque vi a algunos líderes religiosos radicales, sin una gota de generosidad, así como a otros preocupados mucho más por su bolsillo que por el prójimo.

—Tal vez tú no seas ateo, sino un antirreligioso —definió la doctora Sofía.

—En la famosa obra *Fausto*, un hombre angustiado, deprimido, cuyo cerebro está agotado por el dolor, vende su alma al diablo para en la otra vida encontrar los secretos de una vida feliz: viajar entre las estrellas, comer hasta hartarse, vestirse con las mejores ropas. En esa tesis, ser feliz es una necesidad primaria del ser humano —comentó Marcus Gebbe, profesor de literatura que también acompañaba el debate en vivo.

Marco Polo incitaba a todos a opinar si así lo deseaban. Después de todo ese cúmulo de ideas, él preparaba el ambiente para la plática sobre sus estruendosas tesis del Sermón de la Montaña.

—En 1972, el rey de Bután, un pequeño país enclavado en las montañas del Himalaya y que tiene escasos recursos naturales y tierras inhóspitas, introdujo un nuevo parámetro para determinar la riqueza de su país. En vez de usar el PIB, el producto interno bruto, que mide los servicios, la producción de granos y de la industria, él propuso la FIB, felicidad interna bruta. La FIB toma en consideración la paz, armonía, compasión y calidad de habitación, ambiente y escuela. Países ricos pueden tener un pueblo con bajos niveles de felicidad y viceversa. ¿Qué piensan sobre la tesis de la FIB?

—Fascinante —dijo Sofía.

—Encantadora —aseguró el doctor Thomas.

—Espectacular —confirmó el doctor Alberto.

—Admirable —declaró Michael.

Sin embargo, Marco Polo hizo una corrección al concepto:

—La FIB es inteligente pero insuficiente. Se hace necesaria la introducción de la GEIB, o sea, de la Gestión de la Emoción Interna Bruta. En caso contrario, pueden ocurrir errores dramáticos.

—No te entiendo —declaró Michael.

—Analicen conmigo: puede haber paz por afuera, pero tormenta por dentro, una mente agitada y tensa. Por lo tanto, FIB alta y GEIB bajo. Puede haber compasión por los otros, pero las personas generosas pueden ser verdugos de sí mismos, ya sea sufriendo por adelantado, examinando sus pérdidas o exigiendo demasiado de sí.

Las personas se quedaron pensando después de oír estos argumentos. Entendieron que no ganaban nada con la felicidad exterior si interiormente el Yo no era líder de sí mismo. Iluminadas por ese conocimiento, una avalancha de personas comenzó a declarar públicamente sus turbaciones mentales. Fue una escena deslumbrante.

—Yo tengo una cama confortable, pero no descanso. Despierto en medio de la noche y no consigo volver a dormirme. Angustiado, enciendo el teléfono. ¡Vivo cansado! Parece que cargo mi cuerpo —comentó un joven de quince años. Él, como millones de jóvenes, estaba destruyendo el motor de su vida, el sueño. Todos se preocuparon al escucharlo.

—Yo tengo seguro de casa, de empresa y de vida. Tengo dinero de sobra. Pero me siento completamente inseguro. No tengo protección emocional, las ofensas, críticas y contrariedades me asolan —declaró Anthony, un rico empresario estadunidense.

Sofía, inspirada por ese empresario, complementó las ideas de Marco Polo:

—La felicidad interna bruta sólo es sustentable si existe gestión de las emociones colectivas. Desde la perspectiva del PIB, las cien personas más ricas del planeta poseen el setenta por ciento de la riqueza mundial. Son más acaudaladas que siete mil millones de seres humanos. Una injusticia. Aunque hay muchos nombres en las listas de Forbes que viven de migajas de placer. Su GEIB es bajísimo. Y, cuando la gestión de las emociones es mediocre, el índice GEEI es altísimo. Ellos se convierten en verdugos de su propio cerebro.

Después de toda esa explicación, Marco Polo preguntó:

—¿Y Jesús? ¿Por qué les dije que el Sermón de la Montaña es un tratado notable sobre la felicidad?

Las personas no supieron responder. Fue entonces que él las estremeció diciendo:

—Las tesis de este misterioso hombre no tratan de la felicidad, del tipo de la "autoayuda", religiosa, romántica o poética, sino de la felicidad inteligente.

—¿Acaso hay dos tipos de felicidad? ¿Una inteligente y otra ignorante? —cuestionó el doctor Alberto.

—Por supuesto —aseguró Marco Polo—. Un análisis estricto de ese famoso discurso, proferido hace dos mil años, probablemente en el mismo lugar donde estamos reunidos, evidencia que hay dos tipos de felicidad:

1. La felicidad inteligente es sustentable, se renueva, mientras la ignorante es insostenible, envejece rápido, muere cuando el placer se disipa.
2. La felicidad inteligente es cultivada; la ignorante es desplazada.
3. La felicidad inteligente es resiliente, se nutre de las crisis; la ignorante sucumbe a las frustraciones.

4. La felicidad inteligente administra la ansiedad y, por lo tanto, es paciente, mientras la ignorante es impulsiva e intolerante.
5. La felicidad inteligente se entrega mucho y exige poco; la ignorante se entrega poco y exige mucho.
6. La felicidad inteligente hace mucho de poco, es contemplativa, mientras la ignorante hace poco de mucho y es consumista.
7. La felicidad inteligente respeta las diferencias, mientras la ignorante tiene la necesidad neurótica de cambiar a los otros, eleva el tono de voz, critica mucho, compara, presiona.

Marco Polo dio muchas otras explicaciones del pensamiento de Jesús sobre la felicidad inteligente. Para él, ser feliz no era tener una vida perfecta sin fallas, tropiezos ni equivocaciones, sino usar nuestras locuras para nutrir nuestra salud, usar las crisis para fundamentar nuestra tolerancia, las lágrimas para enriquecer a la sabiduría... Todos quedaron maravillados.

—Espera, Marco Polo. Sabemos que los trastornos psíquicos, como la depresión y el suicidio, están en expansión en las sociedades modernas. Hay estadísticas discordantes, pero son explosivas. Probablemente mil cuatrocientos millones de personas o el veinte por ciento de la población mundial, desarrollará un trastorno depresivo a lo largo de su vida. Si las escuelas enseñaran a sus alumnos a administrar sus emociones y a desarrollar una felicidad inteligente, ¿esas estadísticas serían más amables?

—Sin duda alguna, Michael. El Sermón de la Montaña revela herramientas fundamentales para una emoción sustentable y saludable.

—Pero... pero... siempre pensé en el Sermón de la Montaña como un conjunto de reglas y principios de conducta —comentó el doctor Alberto, intrigado.

Marco Polo mencionó que Edward Jenner creó la vacuna contra la viruela hace más de dos siglos. A partir de ese episodio, la medicina biológica invirtió gran parte de sus recursos en la prevención, mientras la medicina psicológica se volvió excesivamente curativa. Y agregó aún más:

—No sé si me decepcionaré de la inteligencia de Jesús en los capítulos posteriores de la biografía escrita por Lucas. Tiene desafíos dantescos, textos complejos y de difícil análisis, pero hasta el momento es posible decir que él fue el Maestro entre los maestros de la gestión de las emociones. Millones de sus seguidores no previnieron sus conflictos porque nunca entendieron e incorporaron las herramientas propuestas por él —se levantó y proclamó—: Él criticaba la necesidad neurótica de ser el centro de las atenciones, por eso lo que su mano derecha hacía, la izquierda no se enteraba. Él se maravillaba con una prostituta como si fuera una reina y le daba atención a un moribundo como si fuera un príncipe.

—¡Sorprendente! —comentó Sofía.

—Espectacular —afirmó Sarah, la esposa de Michael.

—A partir de ahora vamos a estudiar las entrañas del Sermón de la Montaña. El discurso retrata la preocupación por el futuro de la humanidad de ese hombre misterioso, famosísimo y al mismo tiempo, desconocidísimo. ¡Él quería volverlo viable!

—¿Estás afirmando que el Sermón de la Montaña es una vacuna emocional para hacernos posibles? —preguntó Michael, conmocionado.

Marco Polo vio a Michael y después a la multitud y concluyó su argumento:

—El Sermón de la Montaña fue mucho más que un discurso bellísimo, un manual de conducta o una conferencia osadísima. Él proporcionó herramientas para transformar al *Homo sapiens*, esa especie tan compleja y bella, pero también tan violenta y emocionalmente enferma, en una especie saludable, destinada a una felicidad sustentable. Muchos de nosotros hemos quedado positivamente asombrados.

Pero, desgraciadamente, el tiempo de aquella mesa redonda al aire libre había acabado. El sol se despedía en el horizonte cuando Marco Polo la dio por terminada. Las personas del público protestaron, estaban ansiosas de nuevos conocimientos. Las tesis del discurso más famoso de la historia serían analizadas en otros debates. Éstas enriquecerían a la humanidad, independientemente de la raza, el color de piel, la cultura y religión y sobre todo fomentarían el territorio de la emoción de cada ser humano. Sería un viaje inimaginable.

Agradecimientos

Agradezco a todos los seres humanos de todos los pueblos y culturas que salen de la superficie del Planeta Emoción y entran en las capas más profundas de su propia mente.

A los que no tienen miedo de pensar críticamente, de cuestionar sus verdades y reinventarse.

A los que dejan de ser dioses y entienden que la vida es demasiado breve para vivirse y demasiado larga para fallar.

A los que comprenden que los fantasmas mentales que más nos asombran son los que creamos nosotros mismos.

¡A los que rompen la cárcel del egocentrismo, a los enamorados de la humanidad y que de alguna forma dan lo mejor de sí para que la especie humana sea más viable, inteligente, inclusiva y generosa!

Índice

Esta obra se imprimió y encuadernó
en el mes de enero de 2020,
en los talleres de Impregráfica Digital, S.A. de C.V.,
Av. Coyoacán 100–D, Col. Del Valle Norte,
C.P. 03103, Benito Juárez, Ciudad de México.